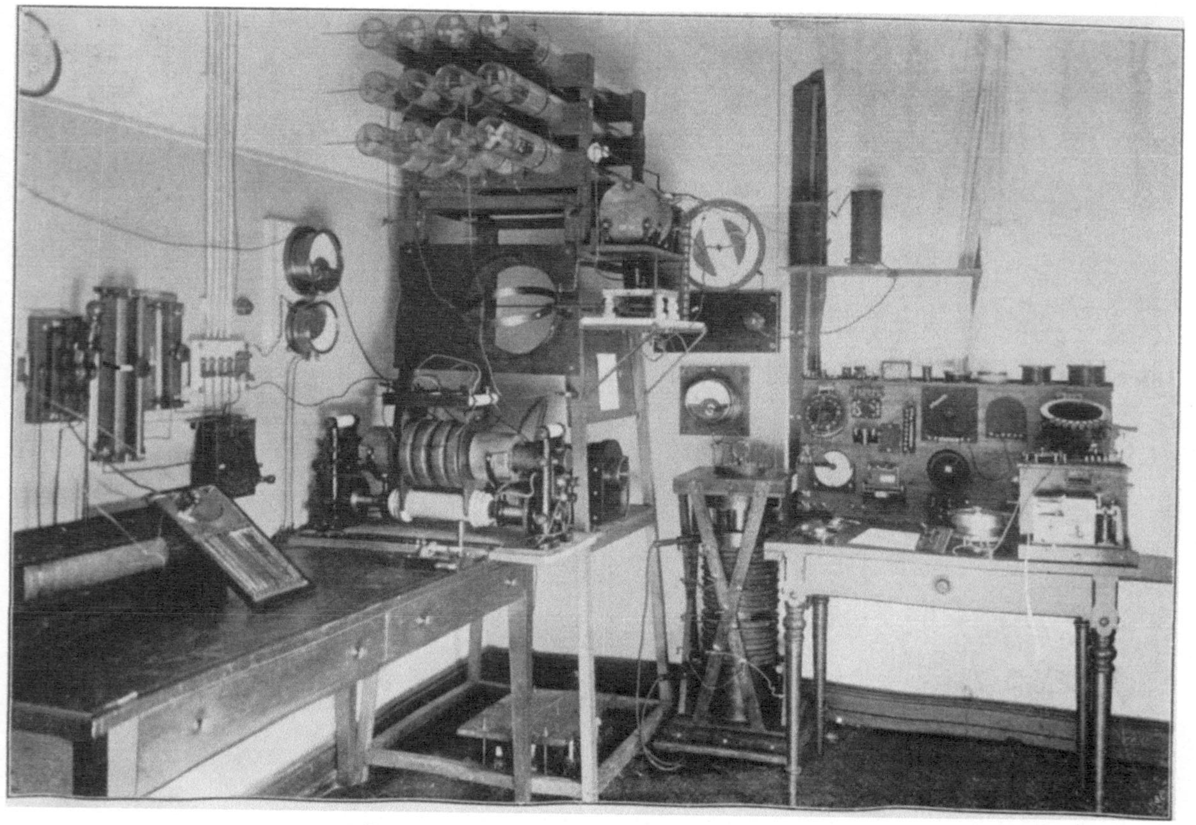

Gesamtansicht der Radiostation Darmstadt.

# Das radiotelegraphische Praktikum an der Technischen Hochschule in Darmstadt.

Bearbeitet nach den Vorträgen des
Professor Dr. **K. Wirtz**

von

Dipl.-Ing. **H. Rein.**

Mit 71 Textfiguren und 18 Vollbildern.

Springer-Verlag
Berlin Heidelberg GmbH
1910.

ISBN 978-3-662-38842-6    ISBN 978-3-662-39760-2 (eBook)
DOI 10.1007/978-3-662-39760-2

Softcover reprint of the hardcover 1st edition 1910

# Vorwort.

Die vorliegende Zusammenstellung von Untersuchungsmethoden aus dem Gebiete der Hochfrequenztechnik verdankt ihre Entstehung einer Anregung des Herrn Professor Dr. Wirtz, der die radiotelegraphischen Stationen von Darmstadt und Messel erbaute, um den Studierenden an der Technischen Hochschule in Darmstadt Gelegenheit zu geben, die Theorie der schnellen Schwingungen an der Hand von Experimenten nachzuprüfen und ihnen damit das Eindringen in das Gebiet der Hochfrequenztechnik zu erleichtern. Aus diesem Grunde wurde von den vorhandenen Stationseinrichtungen ausgegangen und die betreffenden Aufgaben im Hinblick auf das vorliegende Apparatenmaterial zusammengestellt. Dabei erfolgte die Behandlung des Stoffes stets mit Rücksicht darauf, daß der neben den Übungen herlaufende Vortrag die zum vollen Verständnis der einzelnen Vorgänge nötigen Ergänzungen bringt. Aus diesem Grunde konnte auch auf jede Literaturangabe verzichtet werden, da diese im Anschluß an die einzelnen Vorlesungsabschnitte eingehende Berücksichtigung findet.

Wenn trotzdem das Buch nicht als Manuskript herausgegeben wurde, so hat dies seine Ursache darin, daß infolge der Neuheit des hier behandelten Stoffes der Gedanke nahe lag, daß allen denen, die sich mit der meßtechnischen Behandlung radiotelegraphischer Probleme befassen, eine übersichtliche Darstellung der hauptsächlichsten, praktisch erprobten Methoden erwünscht ist.

Herrn Dipl.-Ing. Lehmann, der mich bei der Anfertigung der Schaltungsschemata in freundlicher Weise unterstützte, sowie den Herren Dr.-Ing. Gewecke und Dipl.-Ing. Meyer, welche die photographischen Aufnahmen herstellten, sei auch an dieser Stelle bestens gedankt. Besonders möchte ich Herrn Professor Wirtz für das Interesse und die vielfache Unterstützung, die er der vorliegenden Aufgabensammlung zuteil werden ließ, meinen wärmsten Dank aussprechen.

H. Rein.

# Inhaltsverzeichnis.

# Inhaltsverzeichnis.

# Einleitung.

## Beschreibung der radiotelegraphischen Stationen Darmstadt und Messel.

Die radiotelegraphischen Einrichtungen an der technischen Hochschule in Darmstadt umfassen zwei Stationen, von denen die eine in den Räumen des elektrotechnischen Institutes untergebracht ist, während die andere sich auf den Halden der Gewerkschaft Messel erhebt, 8,4 km von Darmstadt entfernt. Das Zwischengelände ist zum großen Teil mit Wald bestanden.

Entsprechend der ihnen zufallenden Aufgaben, für die Studierenden der Hochschule die Ausführung sämtlicher Messungen auf dem Gebiete der Hochfrequenztechnik zu ermöglichen, sowie ihnen Gelegenheit zu geben, einen radiotelegraphischen Verkehr, wie ihn die Praxis ausübt, selbst vorzunehmen, sind beide Stationen mit den hierzu nötigen Apparaten ausgerüstet.

## I. Darmstadt.

Eine radiotelegraphische Station besteht naturgemäß aus den Einrichtungen, die zum Geben und zum Empfang der Zeichen dienen. Die Sendestation wiederum läßt sich einteilen in die Maschinenanlage, allgemein den Niederfrequenzkreis, und jene Apparate, welche die hochperiodischen Schwingungen erzeugen und in den Raum in Form von elektromagnetischen Wellen ausstrahlen. Je nach dem gewählten Sendesystem stehen Wechselstrommaschinen von 50 bis 600 Perioden und Gleichstromgeneratoren bis 600 Volt zur Verfügung. Soll die Sendeseite als Funkenstation arbeiten, mag dabei die Markoni- oder die Braunsche Schaltung gewählt werden, mag eine normale Funkenstrecke, eine Quecksilberlampe oder die zum Löschfunkenbetrieb bewährte vielteilige Anordnung der Elektroden Ver-

Sendevorrichtungen der Station Darmstadt für Betrieb mit gewöhnlichem Funken, tönendem Funken und Lichtbogengenerator.

Die Antenne der Station Darmstadt.

1*

wendung finden, stets wird die Spannung durch passend gewählte Resonanzinduktoren hinauftransformiert, um größere Energiemengen zur Ausstrahlung zu bringen. Eingebaute Strom- und Spannungsmesser gestatten hierbei eine dauernde Kontrolle der elektrischen Vorgänge. Drosselspulen, Telegraphenschlüssel und Sicherungen vervollständigen die Gesamtausrüstung der Sendestation.

Wird die Schwingungsenergie durch einen Lichtbogengenerator erzeugt, so tritt als Stromquelle an Stelle der Wechselstrom- eine Gleichstrommaschine. Der Schwingungskreis wird an die Elektroden der Lampen angelegt, wobei wieder verschiedene Anordnungen getroffen werden können, und durch passenden Einbau eines Telegraphenschlüssels oder eines Mikrophons ist damit ein drahtloser Telegraphie- oder Telephonieverkehr mit anderen Stationen möglich.

Der Sende- wie der Empfangsstation gemeinsam ist das Strahlsystem, welches als Reuse ausgebildet ist. Von dem 37 m hohen Hochschulturme ist zu einem 40 m hohem Holzmaste eine 60 m lange, aus zehn Drahtlitzen bestehende Reuse gespannt, deren Durchmesser 1,5 m beträgt und von deren Mitte zwei Drahtlitzen nach dem Stationszimmer führen. Die Enden sind durch je fünf Scheibenisolatoren von den Aufhängepunkten isoliert.

Da die Antenne eine Vorrichtung zum Herablassen besitzt, besteht die Möglichkeit, je nach Bedarf auch andere Strahlsysteme zu verwenden.

Als Antenne kann auch ein 200 m langes Stahldrahtseil benutzt werden, das von einem Drachenballon von 10 cbm Inhalt oder bei stärkerem Wind durch einen Leinwanddrachen in die Lüfte gehoben wird.

Die Erdleitung ist an die Blitzableiteranlage der Hochschule angeschlossen. An Stelle der Erde kann auch als Gegengewicht ein vom Boden isoliert gespanntes Drahtgebilde treten. Zur schriftlichen Aufzeichnung der ankommenden Depeschen dient ein in ein sekundäres Schwingungsystem eingefügter Fritter, der von Wellen bestrahlt, ein empfindliches Relais auslöst, welches wiederum den Morse in bekannter Weise betätigt. Der Hörempfang wird mit Hilfe von elektrolytischen Detektoren, Magnetempfängern, Tikkern oder Thermodetektoren vorgenommen,

Der Mast der Station Darmstadt.

Ballon und Drachen zum Hochführen linearer Antennen.

Empfangstisch zur Aufnahme von Depeschen mit Schlömilchzelle,
Thermodetektor, Tikker und Fritter.

wobei im letzteren Falle an Stelle des Telephons auch ein empfindliches Fadengalvanometer treten oder auch unter Zuhilfenahme von Telephonverstärkern wieder der Morseschreiber verwendet werden kann.

Im Anschluß hieran seien noch die erzielten Reichweiten der Station erwähnt. Die Zeichen der Sendestation wurden noch in Nauen aufgenommen.

Die Zeichen der großen Stationen Norddeich (430 km), Eiffelturm (500 km), Pola (800 km) können bei jeder Witterung und Tageszeit anstandslos mit dem Morseapparat aufgenommen werden.

Der Empfang mit dem Hörer gelingt auf beträchtlich weitere Entfernungen.

## II. Messel.

Die Messeler Anlage ist, soweit die fest eingebauten Sendeapparate in Frage kommen, eine reine Funkenstation. Die Empfangseinrichtungen dagegen können je nach den auszuführenden Versuchen beliebig gewählt werden.

Die Station ist auf den 25 m hohen Halden der Grube Messel in einem Holzhäuschen untergebracht, das, wie die photographische Aufnahme zeigt, inmitten von drei Masten, welche die Antenne tragen, seine Aufstellung gefunden hat.

Während zur Beleuchtung der Hütte 110 voltiger Gleichstrom dient, wird die Sendestation mit 50 periodigem Wechselstrom gespeist, der von dem Drehstrom-Kraftnetze mit einer verketteten Spannung von 500 Volt abgezweigt ist. Die gegebene Primärspannung des Resonanzinduktors von rund 110 Volt verlangt ein Herabsetzen der Netzspannung durch einen besonderen Transformator. Meßinstrumente, Drosselspulen, Ausschalter, Sicherungen und Telegraphentaster vervollständigen die Ausrüstung der Niederfrequenzseite. Die übrige Sendeanordnung beruht auf der üblichen Verbindung eines geschlossenen und offenen Schwingungskreises. Durch einen Hochspannungsumschalter können Antenne und Erdleitung an den Energiekreis oder die Empfangsapparate gelegt werden. In letzterem Falle besorgen stetig veränderliche Selbstinduktionen und Kapazitäten die Abstimmung auf die gewünschte Wellenlänge. Die Einschaltung der Empfänger kann direkt oder unter Be-

Das Strahlgebilde der Radiostation Messel.

nutzung von Empfangstransformatoren erfolgen. Zur schriftlichen Aufzeichnung der ankommenden Zeichen findet eine Fritter-Relais-Morse-Kombination Verwendung, während der Hörempfang mit elektrolytischen Zellen, Thermodetektoren oder Tikkern vorgenommen wird. Bei quantitativen Fernmessungen, die an anderer Stelle behandelt werden, wird stets eine dem Zwecke entsprechende besondere Schaltung ausgeführt. Das Strahlgebilde besteht vorläufig noch aus einem Drahtkegel, der von drei Holzmasten in einer Höhe von 36 m getragen wird und von dessen Spitze Leitungen in das Stationshaus führen. Als Erdleitung wird meist das Schienennetz der Fabrikbahn benutzt. Jedoch kann auch ein aus Draht aufgebautes, isoliert über dem Erdboden gespanntes Gegengewicht als Erdleitung dienen.

Ebenso wie bei der Darmstädter Station kann auch hier die Antenne herabgelassen und durch andere Formen ersetzt werden, wobei der große verfügbare Raum gleichzeitig die verschiedensten Anordnungen für gerichtete Telegraphie ermöglicht.

# A. Kapazitäten.

Die beim Aufbau der Sende- und Empfangsstation der Radiotelegraphie verwendeten Kondensatoren unterscheiden sich in der Größe ihrer Kapazität, der zulässigen Spannung und der Höhe der im Dielektrikum und durch die Randstrahlung entstehenden Verluste. Zur Ermittlung der Kapazität sind meßtechnisch zwei Wege gangbar:

a) durch direkte Vergleichung einer unbekannten Kapazität $C_x$ mit einer Normalkapazität $C_n$ (direkte Methode),

b) durch Berechnung der Kapazität aus gemessenen elektrischen Größen, wie Strom, Spannung, Wechselzahl usw. (indirekte Methode).

Als Normalkondensatoren stehen zur Verfügung ein Franke-Kondensator von $C_n = 2700$ cm und ein Paraffinöl-Drehkondensator der Firma Lorenz, dessen Kapazität als Funktion der Gradteilung aus der Gleichung $C_n = 98{,}5 + 2{,}605 \cdot \alpha$ berechnet werden kann. Die Vergleichung zweier Kondensatoren kann ausgeführt werden mit Nieder- oder Hochfrequenz, kleinen oder größeren Spannungen, in einer Brückenschaltung (Nullmethode) oder unter Verwendung zweier Schwingungskreise (Resonanzmethode). Die Auswahl der Methode richtet sich nach der Größe und dem Verwendungszwecke des betreffenden Kondensators.

## 1. Eichung eines Paraffinöl-Drehkondensators mit Niederspannung und Niederfrequenz in der Brückenschaltung.

$$C_n = 2700 \text{ cm.}$$

Zur Erzielung eines scharfen Minimums im Telephon muß eine hoch-ohmige und möglichst kapazitätsfreie Brücke verwendet werden.

Kondensatoren.

Ist  der  Summerton  im  Telephon  verschwunden,  so  gilt:

$$C_x = \frac{a}{b}\ C_n = f\ \text{(Gradteilung)}.$$

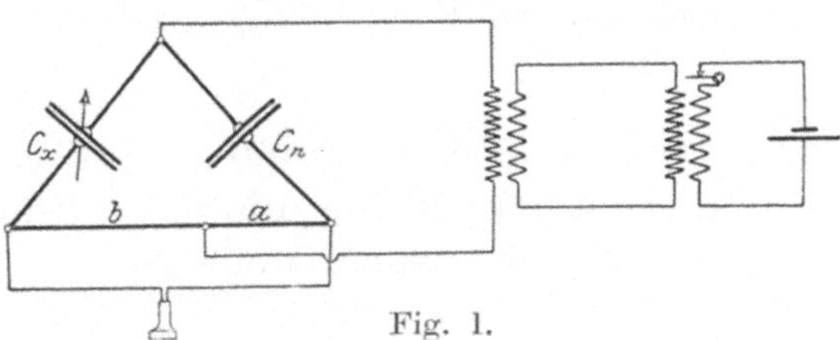

Fig. 1.

Die gleiche Methode kann benutzt werden zur Bestimmung der Kapazität einer Antenne.

a) Kapazität der Antenne gegen Erde.

b) Kapazität der Antenne gegen das Gegengewicht.

c) Kapazität des Gegengewichts gegen Erde.

Durch Einschaltung von Kondensatoren in die Antenne läßt sich die Kapazität derselben beliebig herabdrücken, da

$$\frac{1}{C} \approx \frac{1}{C_A} + \frac{1}{C_n}$$

(Rücksicht auf die örtliche und zeitliche Stromverteilung).

2. Messung der Kapazität von Leydener Flaschen mit Hochspannung und Hochfrequenz in der Brückenschaltung.

Durch passende Wahl der Periodenzahl des Wechselstromgenerators wird der Transformator mit der ihn belastenden Kapazität $(C_n + C_x)$ in Resonanz gebracht. Verschwindet das Leuchten der Geißlerschen Röhre in der ersten Schaltung für eine Kondensatorstellung $C'_n$, in der zweiten Schaltung für $C''_n$, so berechnet sich die gesuchte Flaschenkapazität $C_x$ aus:

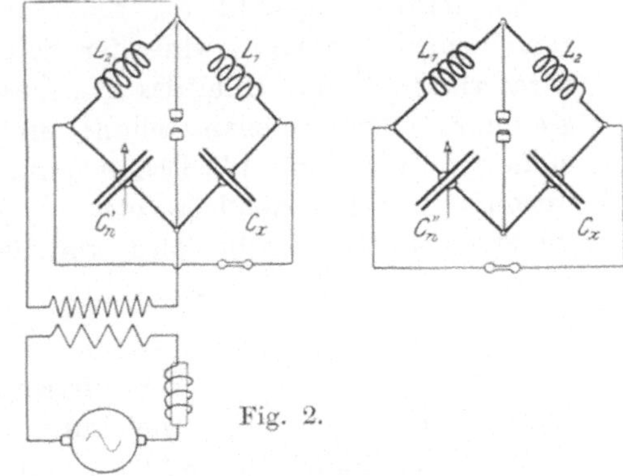

Fig. 2.

$$C_x = \sqrt{C'_n \cdot C''_n}.$$

Die Größe der gewünschten Spannung wird durch eine entsprechende Einstellung der Funkenlänge reguliert.

## 3. Eichung eines Luft-Drehkondensators mit Hochfrequenz und Niederspannung unter Verwendung der Resonanzmethode.

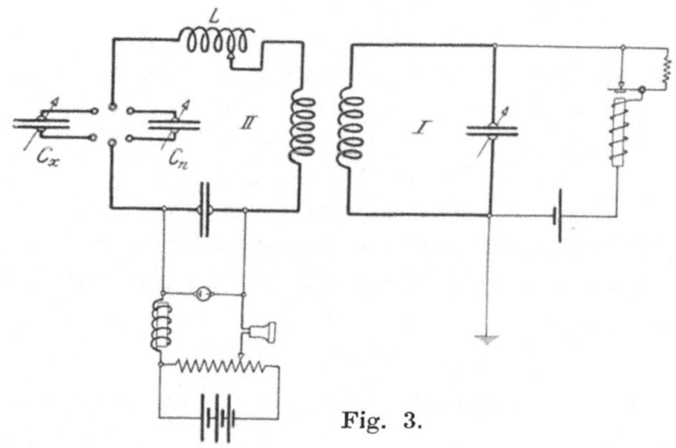

Fig. 3.

Nachdem die Batteriespannung am elektrolytischen Detektor derart eingestellt ist, daß man im Telephon ein leises Rauschen wahrnimmt, wird der Schwingungskreis II auf den Erregerkreis I mit Hilfe des Normal-Drehkondensators $C_n$ abgestimmt. Die Resonanzstellung ergibt ein scharfes Tonmaximum im Telephon. Wiederholt man diese Messung unter Verwendung des Drehkondensators $C_x$, so ist damit die Eichung für einen Punkt durchgeführt, da alsdann

$$C_x = C_n.$$

Durch mehrmalige Veränderung der Windungszahl der Spule $L$ und erneute Abgleichung mit $C_n$ und $C_x$ läßt sich somit die Eichkurve $C_x = f$ (Gradteilung) für den ganzen Meßbereich aufstellen.

$$C_x = f \text{ (Gradteilung)}.$$

## 4. Messung der Kapazität von Leydener Flaschen mit Hochfrequenz und Hochspannung unter Verwendung der Resonanzmethode.

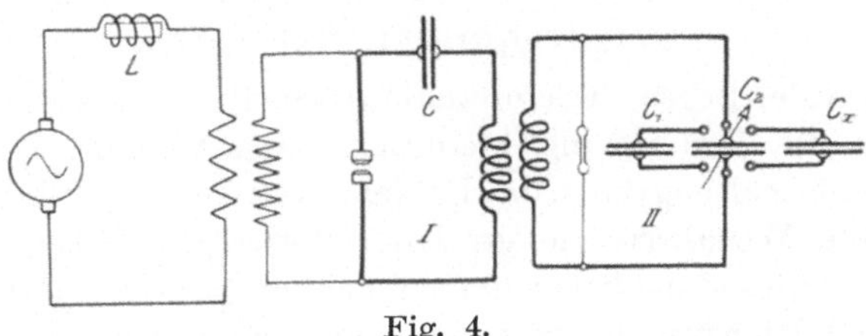

Fig. 4.

Während die Messung der Flaschenkapazität nach dem Verfahren 2 auf einer Nullmethode beruht, liegt hier eine Maximalmethode vor. Wieder werden die Wechselzahl des Generators, die primäre Selbstinduktion $L$ und die Kapazität $C$ derartig abgeglichen, daß der Transformator in Resonanz arbeitet. Die Abgleichung des Kreises II auf den Erregerkreis I erfolgt durch die Kondensatoren $C_1$ und $C'_2$, deren Kapazitäten bekannt sind. Nachdem $C_x$ an die Stelle von $C_1$ geschaltet worden ist, erfolgt das Aufleuchten der evakuierten Röhre, für eine Einstellung $C''_2$ und es wird:

$$C_x = C_1 + C'_2 - C''_2.$$

Sehr gute Resultate erhält man bei dieser Methode unter Verwendung von Lichtbogenhochfrequenzgeneratoren.

## 5. Messung der Kapazität von Flaschenbatterien mit Niederfrequenz und Hochspannung nach der indirekten Methode.

Der Transformator arbeitet in Resonanz mit der Periodenzahl $\nu$ des Generators. Aus den Angaben des Hitzdrahtstrommessers $i$ und Hochspannungselektrometers $e$ ermittelt sich die gesuchte Flaschenkapazität zu:

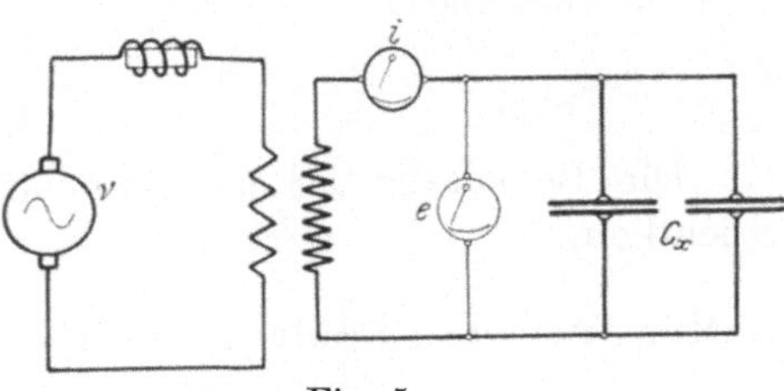

Fig. 5.

$$C_x = \frac{i}{2 \cdot \pi \cdot v \cdot e} \text{ Farad.} \qquad 1 \text{ Farad} = 9 \cdot 10^{11} \text{ cm.}$$

## 6. Messung von Kapazitäten unter Verwendung von Hochfrequenzgeneratoren.

(Duddel-Bogen, Telefunkenlampen, Poulsen-Generator.)

Da die Bestimmung kleinerer Kapazitäten in der vorhergehenden Schaltung durch das Fehlen direkt zeigender Strommesser für kleine Wechselströme großen Schwierigkeiten begegnet, ist man zur Anwendung hoher Periodenzahlen gezwungen, wie sie ein an einem Gleichstromlichtbogen liegender Schwingungskreis liefert.

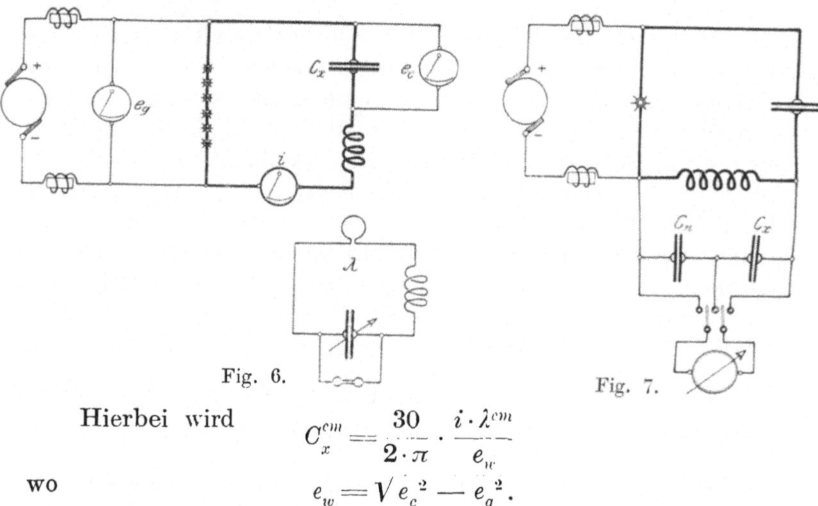

Fig. 6.   Fig. 7.

Hierbei wird

$$C_x^{cm} = \frac{30}{2 \cdot \pi} \cdot \frac{i \cdot \lambda^{cm}}{e_w}$$

wo

$$e_w = \sqrt{e_c^2 - e_g^2}.$$

Auch die Vergleichungsmethode kann hier entsprechende Verwendung finden:

$$C_x = C_n \cdot \frac{e_n}{e_x}$$

Die Bedeutung der einzelnen Größen ist aus der Figur 7 ersichtlich.

## 7. Messung von Spulenkapazitäten mit Hochfrequenz und Niederspannung.

Die in den Empfangsschaltungen verwendeten Detektoren (z. B. Fritter) erfordern in vielen Fällen, daß bei gegebener

Wellenlänge in den sekundären Schwingungskreisen die Selbstinduktion auf Kosten der Kapazität stark vergrößert wird. Dieser Tendenz ist insofern ein Ziel gesteckt, als mit wachsender Selbstinduktion $L$ der Spule zugleich ihre wirksame Kapazität $C_l$ zunimmt, die bei der Abstimmung der Kreise stets Berücksichtigung finden muß. Ihre Größe läßt sich in nebenstehender Schaltung messen, wobei

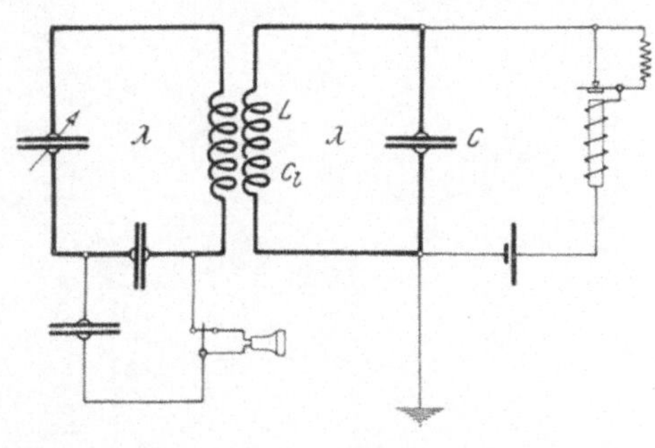

$$C_l^{cm} = \frac{\lambda^{2\,cm}}{4 \cdot \pi^2 \cdot L^{cm}} - C^{cm}.$$

## 8. Messung der Dielektrizitätskonstanten fester und flüssiger Stoffe.

Die Ermittlung der Dielektrizitätskonstanten läuft in letzter Linie auf eine zweimalige Kapazitätsmessung hinaus, indem ein festes Plattensystem einmal in Luft und das andere Mal unter Einführung des zu prüfenden Stoffes auf seine Kapazität hin untersucht wird. Bei Verwendung flüssiger Isolatoren ist jeder Luftkondensator hierfür geeignet, während zur Untersuchung fester Dielektrika ein durch eine feine Mikrometerschraube verschiebbares ebenes Plattenpaar nötig wird.

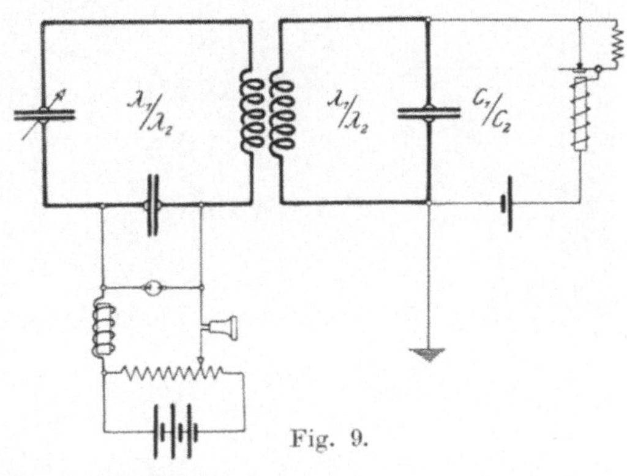

Fig. 9.

Zur Kapazitätsmessung selbst sind die im vorhergehenden beschriebenen Methoden verwendbar, wobei sich nach Ausführung beider Messungen die Dielektrizitätskonstante zu

Messung von Kapazitäten mittels der Brückenmethode.

$$\varepsilon = \frac{C_2}{C_1}$$

ergibt.

In der vorstehenden Resonanzschaltung ist die Ermittlung der Dielektrizitätskonstanten auf die Messung zweier Wellenlängen zurückgeführt.

$$\left(\frac{\lambda_2}{\lambda_1}\right)^2 = \frac{C_2}{C_1} = \varepsilon .$$

## 9. Untersuchung der Isolationsfähigkeit von Isolatoren.

In der Radiotelegraphie, besonders bei Verwendung von ungedämpften Schwingungen, werden an die Isolation der aufgehängten Strahldrähte außerordentliche Ansprüche gestellt. Eine vergleichende Übersicht über die Güte der Isolation gewinnt man dadurch, daß man die auf der einen Seite geerdeten Isolatoren an eine Strahlspule schließt und im verdunkelten Zimmer beobachtet, bei welchen Formen ein Elektrizitätsübergang stattfindet.

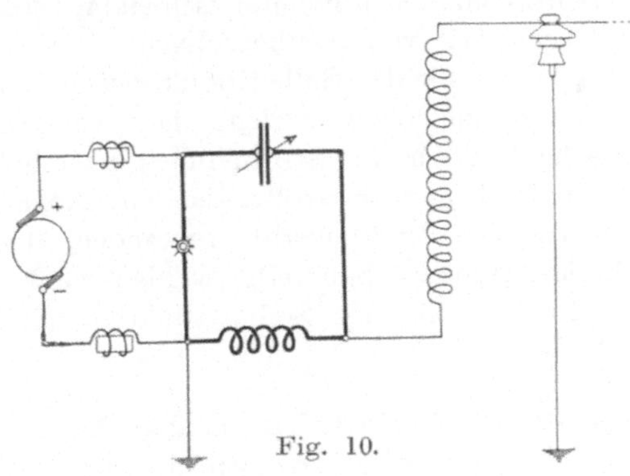

Fig. 10.

Schlußbemerkung:

Bei der Wahl der Meßmethoden zur Bestimmung der Kapazität eines Kondensators ist in jedem einzelnen Falle die verwendete Schaltung daraufhin zu untersuchen, in welchem Maß die Kapazität und Selbstinduktion der Zuleitungen und

Meßapparate, sowie die Selbstinduktion der zu untersuchenden Kondensatoren selbst die Richtigkeit des Endergebnisses beeinflussen können.

## B. Selbstinduktionen, Koeffizienten der gegenseitigen Induktion, Kopplungsfaktoren.

Zur Ermittlung des Koeffizienten der Selbstinduktion sind prinzipiell die gleichen Methoden verwendbar, die sich bei der Bestimmung von Kapazitäten ergaben. Eine Erweiterung erfahren dieselben insofern, als die Messung des Koeffizienten der gegenseitigen Induktion zweier Spulen und damit des Kopplungsfaktors hinzukommt.

Als Normal-Selbstinduktionen, zunächst vorzugsweise für kleinere Periodenzahlen, stehen zur Verfügung solche von 1; 0,1; 0,01 und 0,001 Henry.

Für noch kleinere Werte besitzt die Brücke von Siemens & Halske zur Bestimmung kleiner Selbstinduktionen eine in den Grenzen von 100000—100 cm veränderliche Normale. Außerdem geben die Formeln von Stephan, Drude und Wien die Möglichkeit, die Selbstinduktionen geometrisch einfacher Drahtgebilde mit großer Genauigkeit vorauszuberechnen.

Da der Ausdruck für den Selbstinduktionskoeffizienten eines Leiters sich in zwei Summanden zerlegen läßt, von denen der eine das magnetische Feld für die Stromeinheit außerhalb, der andere innerhalb des Leiters darstellt, ist eine Abhängigkeit des Koeffizienten von der Periodenzahl vorhanden, die in jedem einzelnen Falle besonders beurteilt werden muß. Im allgemeinen nimmt die Größe der Selbstinduktion mit wachsender Periodenzahl ab.

### 1. Messung der Selbstinduktion der Kopplungsspule der Sendestation mit Niederspannung und Niederfrequenz in der Brückenschaltung.

Die Erzeugung schwach gedämpfter Schwingungen in der Antenne wird nach Braun durch Zusammenschaltung eines geschlossenen Schwingungskreises mit dem Strahlungsgebilde bewirkt. Diese Kopplung kann nach dem Vorbilde des Spar- oder des gewöhnlichen Transformators vorgenommen werden (Fig. 11).

Selbstinduktionsspulen.

Zur Erzielung großer Schwingungsenergien im Primärkreis ist es zweckmäßig, bei konstanter Wellenlänge und unter sonst gleichen Verhältnissen die Kapazität auf Kosten der Selbstinduktion möglichst zu vergrößern. Die somit notwendig werdende Messung kleiner Selbstinduktionen läßt sich mit der Wechselstrom-Brücke von Siemens & Halske ausführen (Fig. 12).

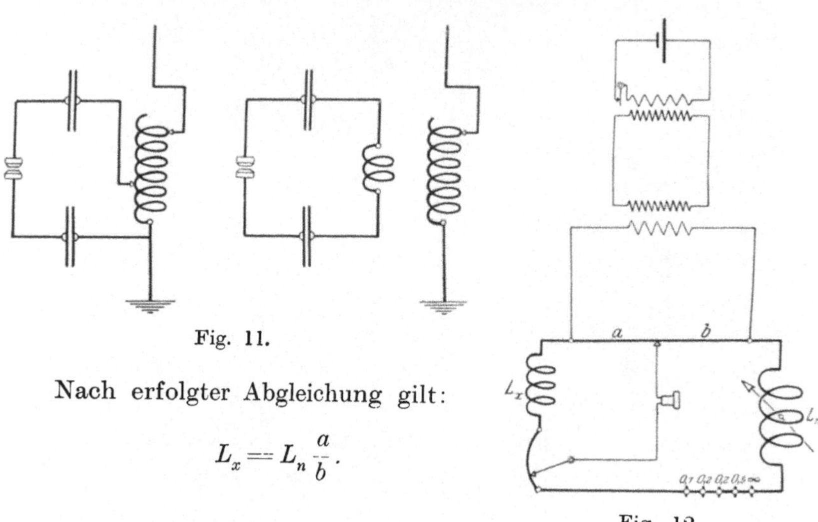

Fig. 11.

Nach erfolgter Abgleichung gilt:

$$L_x = L_n \frac{a}{b}.$$

Fig. 12.

## 2. Messung der Selbstinduktion von Abstimmspulen mit Hochspannung und Hochfrequenz in der Brückenschaltung.

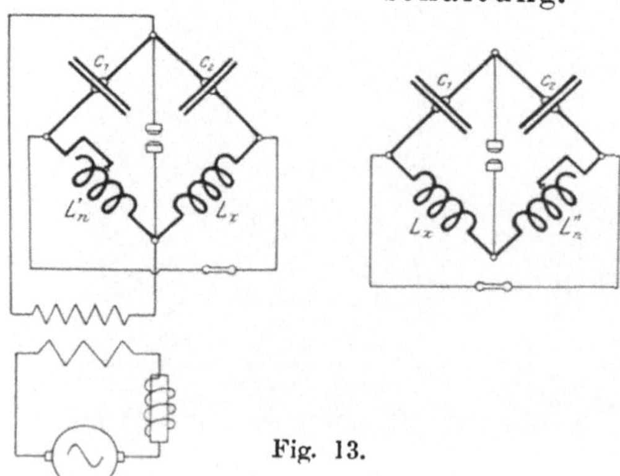

Fig. 13.

Zur Verlängerung der Eigenwelle der Antenne werden in diese Spulen eingeschaltet, deren Selbstinduktion im Verein mit der Eigenkapazität und Selbstinduktion des Strahlsystems selber annähernd die neue Wellenlänge im voraus zu berechnen gestattet. Die Abgleichung erfolgt entweder mit Hilfe eines Normal-Variometers, worauf sich ergibt:

$$L_x = \sqrt{L'_n\, L''_n}.$$

oder unter Verwendung geeichter Kondensatoren und einer bekannten Selbstinduktion. Alsdann wird:

$$L_x = L_n \cdot \frac{C_1}{C_2}$$

**3. Bestimmung der Selbstinduktion der Empfangstransformatorspulen mit Hochfrequenz und Niederspannung unter Verwendung der Resonanzmethode.**

Durch Abgleichung des geeichten Resonanzkreises auf die Eigenschwingung des Primärkreises ergibt sich die Wellenlänge $\lambda$ bei einer Kapazitätseinstellung $C_1$. Wird sodann $L_x$ in den Empfangskreis eingeschaltet und die Resonanzlage von neuem aufgesucht, so erhält man eine Kapazitätseinstellung $C_2$. Daraus folgt:

$$L_x = \frac{\lambda^2}{4\pi^2} \cdot \frac{C_1 - C_2}{C_1 \cdot C_2}.$$

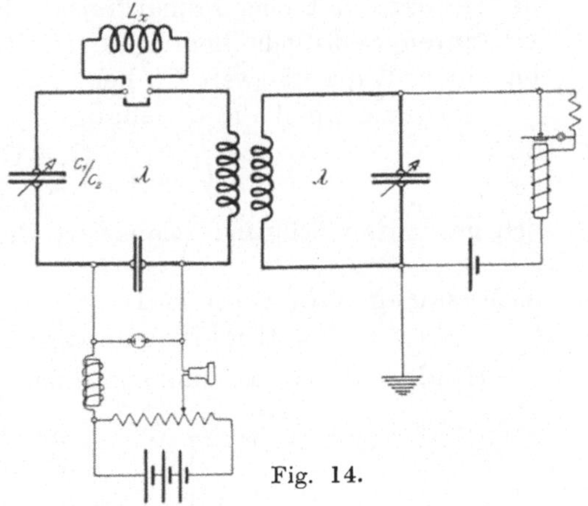

Fig. 14.

Da die Sekundärspulen der Empfangstransformatoren in den meisten Fällen eine hohe Selbstinduktion besitzen, so verändert man zweckmäßig die Versuchsanordnung, indem man die Spule $L_x$ mit einem geeichten Kondensator $C$ als Erregerkreis zusammenschaltet, mit Hilfe des Wellenmessers die Eigenschwingung des Systems bestimmt und den gesuchten Wert aus der Beziehung

$$L_x = \frac{\lambda^2}{4 \cdot \pi^2} \cdot \frac{1}{C}$$

berechnet.

## 4. Messung der Selbstinduktion einer Abstimmspule mit Hochfrequenz und Hochspannung unter Verwendung der Resonanzmethode.

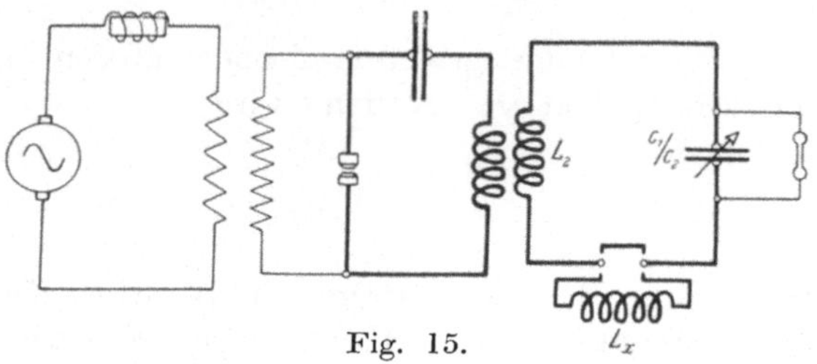

Fig. 15.

Die Methode ist im Prinzip der vorhergehenden gleich. Eine bekannte Selbstinduktion $L_2$ mit einem geeichten Drehkondensator vereinigt, ist bei einer Kapazitätseinstellung $C_1$ in Resonanz mit dem Primärkreise. Bei Einschaltung der unbekannten Selbstinduktion $L_x$ leuchtet das Geißlersche Rohr für einen Kapazitätswert $C_2$ hell auf.

Alsdann ergibt die Gleichung

$$L_x = L_2 \cdot \frac{C_1 - C_2}{C_2}$$

den gesuchten Selbstinduktionswert der Spule.

## 5. Messung von Selbstinduktionen unter Verwendung von Hochfrequenzgeneratoren.

(Duddel-Bogen, Telefunkenlampen, Poulsen-Generator.)

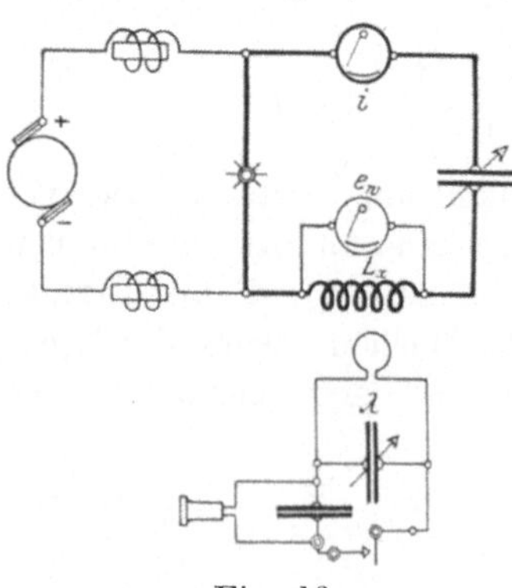

Fig. 16.

Durch eine Strom-, Spannungs- und Wellenmessung bestimmt sich aus der vorliegenden Versuchsanordnung die Selbstinduktion $L$ der Spule zu

$$L_x = \frac{1}{0,6 \cdot \pi} \frac{e_w \cdot \lambda^m}{i}.$$

Hierbei ist die Möglichkeit gegeben, den Einfluß der Periodenzahl auf den Selbstinduktionskoeffizienten für die in

der Praxis der Radiotele-
graphie vorkommenden Wel-
lenlängen festzustellen.

Stehen Normalselbstinduk-
tionen von annähernd gleicher
Größenordnung wie die zu
messende zur Verfügung, so
führt die Vergleichsmethode
schnell zum Ziel, wobei

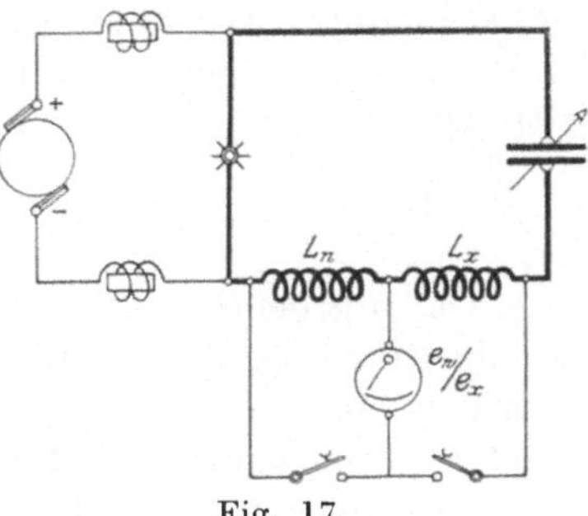

Fig. 17.

$$L_x = L_n \cdot \frac{e_x}{e_n}.$$

## 6. Messung der Eigenselbstinduktion von Flaschen-batterien mit Hochfrequenz und Hochspannung.

In dem geschlossenen Schwingungskreise der Sendestation wird bei gegebener Wellenlänge mit Rücksicht auf die Größe der zu erzielenden Schwingungsenergie die Kapazität auf Kosten der Selbstinduktion möglichst groß gewählt. Dieses Bestreben findet seine Grenze nur darin, daß die Kopplung mit dem Strahlsystem einen günstigen Wert besitzt, also die gewählte

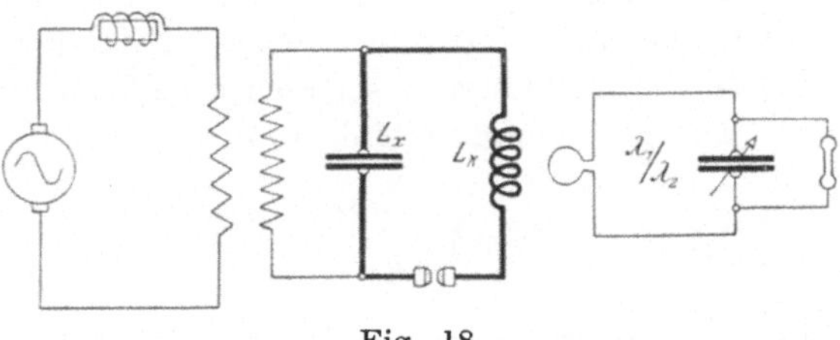

Fig. 18.

Selbstinduktion der beiden Kreisen gemeinsamen Spule eine bestimmte Größe nicht unterschreiten darf. Außerdem jedoch besitzen die Belege der Flaschenbatterie, sowie ihre Verbindungs-leitungen selbst bei vorteilhaftester Anordnung noch verteilte Selbstinduktion von einer Größenordnung, die gegenüber der konzentrierten der Kopplungsspule nicht vernachlässigt werden darf.

Wird bei ausgeschalteter Spule $L_k$ für die Resonanzlage

des Wellenmessers $\lambda_1$ ermittelt, für den vollständigen Schwingungskreis jedoch $\lambda_2$, so berechnet . sich die gesuchte Selbstinduktion zu

$$L_x = L_k \frac{\lambda_1{}^2}{\lambda_2{}^2 - \lambda_1{}^2}.$$

Die aus der Schwachstrom-Meßtechnik bekannten Methoden zur Bestimmung des Koeffizienten der gegenseitigen Induktion versagen in den meisten Fällen, wenn die zu bestimmenden Größen einen gewissen unteren Wert erreicht haben. Da aber die vorhergehenden Aufgaben die Möglichkeit zeigten, daß noch außerordentlich kleine Selbstinduktionen der Messung zugänglich sind, braucht man nur die dort beschriebenen Methoden entsprechend abzuändern, um den Koeffizienten der gegenseitigen Induktion einwandfrei zu bestimmen.

7. Messung des wahren Kopplungsfaktors eines Universalempfangstransformators mit der Brücke von Siemens & Halske.

Für die Einfügung der Detektoren in das Empfangssystem einer Station ist in den meisten Fällen die Zwischenschaltung eines Transformators notwendig. Bedeutet $L_I$ die gesamte wirksame Selbstinduktion eines geerdeten Strahlsystems, $L_{II}$ die des in Resonanz schwingenden Sekundärkreises, so berechnet sich der Kopplungsfaktor zu

$$k = \sqrt{\frac{M^2}{L_I \cdot L_{II}}},$$

wobei $M$ den Koeffizienten der gegenseitigen Induktion darstellt.

Der hier verwendete Transformator besteht aus drei Spulen, von denen die beiden hintereinander geschalteten inneren Spulen die Abstimmung der Antenne auf die ankommenden Wellen ermöglichen und die äußere die Sekundärspule darstellt. Der Selbstinduktionskoeffizient der inneren Spulenkombination läßt sich in jeder Stellung an einer Teilung ablesen, ebenso die Einstellung gegenüber der äußeren, mehrfach unterteilten Sekundärspule. Die Eichung des Transformators erstreckt sich demnach auf die Messung:

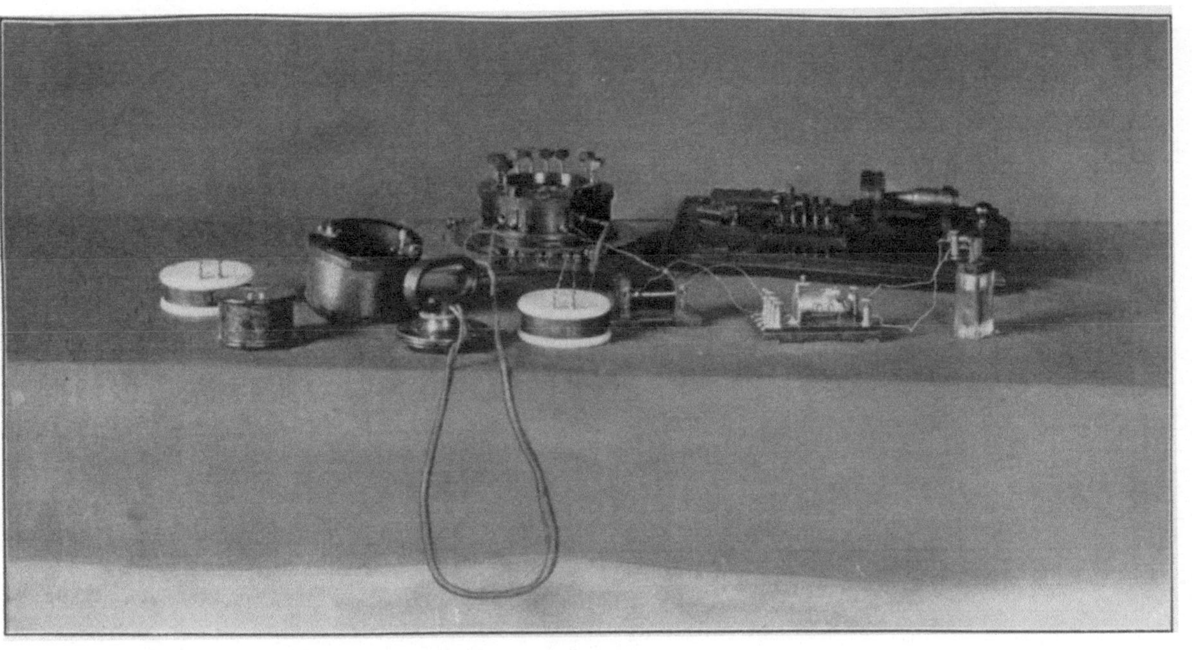

Brücken zur Bestimmung von Selbstinduktionskoeffizienten.

a) des Selbstinduktionskoeffizienten der Primärspulen in Abhängigkeit von ihrer gegenseitigen Lage

$$L_1 = f \text{ (innere Teilung)};$$

b) der Selbstinduktionskoeffizienten der Teilabschnitte der Sekundärspule $= L_2$

c) des Koeffizienten der gegenseitigen Induktion $= M$;

$$M = f \text{ (äußere Teilung)}.$$

Dieser wird in beifolgender Schaltung gemessen:

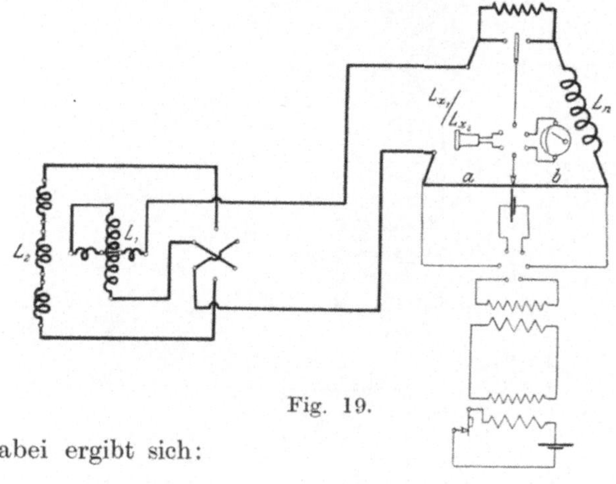


Fig. 19.

Dabei ergibt sich:

$$L_{x_1} = L_1 + L_2 + 2\,M = L_n \cdot \frac{a_1}{b_1} = L_n \cdot \alpha_1.$$

$$L_{x_2} = L_1 + L_2 - 2\,M = L_n \cdot \frac{a_2}{b_2} = L_n \cdot \alpha_2.$$

$$M = \frac{L_{x_1} - L_{x_2}}{4} = \frac{L_n}{4}\,(\alpha_1 - \alpha_2).$$

Bedeutet $L_A$ die äquivalente oder wirksame Antennenselbstinduktion, so berechnet sich der wahre Kopplungsfaktor für einen bestimmten Koeffizienten $M$ zu:

$$k = \sqrt{\frac{M^2}{(L_A + L_1) \cdot L_2}}.$$

Hierbei ist es zweckmäßig, $k$ als Funktion der inneren und

äußeren Teilung in einem, in schiefer Projektion gezeichneten, räumlichen Koordinatensystem darzustellen.

Da hier die Bestimmung des Koeffizienten der gegenseitigen Induktion $M$ auf eine reine Selbstinduktionsmessung zurückgeführt wurde, können demnach auch die im vorhergehenden beschriebenen Methoden unter sinngemäßer Benutzung des vorliegenden Schaltungsschemas Verwendung finden.

## 8. Messung des Koeffizienten der gegenseitigen Induktion eines Empfangsklapptransformators mit dem Duddel-Bogen.

Die Ausführung des Versuches wird in beifolgender Schaltung vorgenommen.

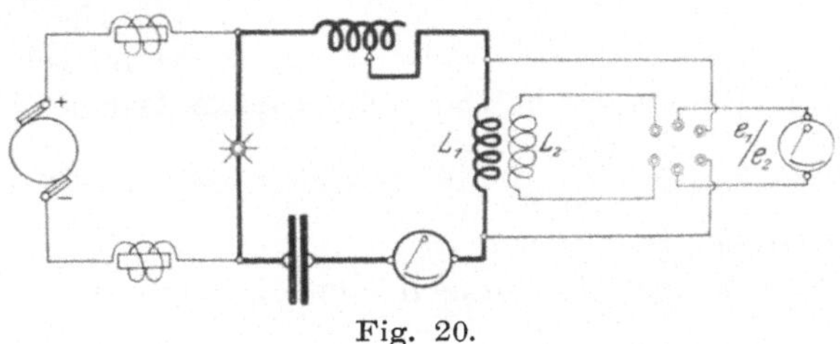

Fig. 20.

Bedeutet $L_1$ den Selbstinduktionskoeffizienten der Primärspule, $L_2$ den der Sekundärspule, so berechnet sich der Koeffizient der gegenseitigen Induktion $M$ aus zwei Spannungsmessungen zu:

$$M = L_1 \cdot \frac{e_2}{e_1} = f \text{ (des Abstandes der Spulen)}.$$

## 9. Messung des günstigsten wirksamen Kopplungsgrades der Sendestation.

Die Kopplung eines Erreger- und Strahlsystems einer Sendestation besitzt einen günstigsten Wert, der durch die Schaltung Fig. 21 gewonnen wird.

Da hier die Aufgabe vorliegt, bei gegebener Wellenlänge $\lambda_0$ eine möglichst intensive Strahlung hervorzurufen, sind die Kopplungsverhältnisse so zu wählen, daß der Antennenstrom $J_A$, dessen Quadratwert ein Maß für die Nutzenergie darstellt, möglichst groß wird. Jedoch ist hierbei noch zu beachten, daß eine zu feste Kopplung zwei ausgesprochene Wellen erzeugt, die ober- und unterhalb der Grundwelle $\lambda_0$ liegen, daß aber im Empfangssystem nur die Energie einer Schwingung nutzbar gemacht wird. Aus diesem Grunde ist die Zusammenschaltung beider Kreise nach Abgleichung des Kondensatorkreises auf die Grundschwingung $\lambda_0$ so lange zu verändern, bis die Teilwellen eben mit der Grundwelle zusam-

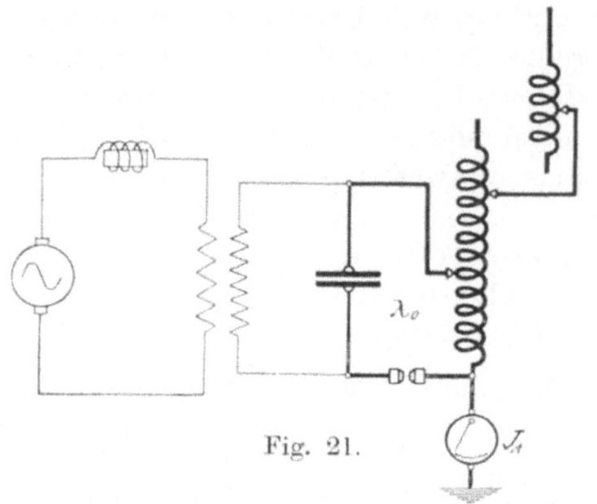


Fig. 21.

menfallen. Die graphische Darstellung der Aufnahme der Kopplungskurve $k\,{}^0/_0 = \dfrac{\lambda_1 - \lambda_2}{\lambda_0} \cdot 100 = f\,(J_A)$ läßt die richtige Einstellung unschwer erkennen.

Die genaueren Gleichungen sind die folgenden:

$$\lambda_1 = \lambda_0 \cdot \sqrt{1 + k}.$$
$$\lambda_2 = \lambda_0 \cdot \sqrt{1 - k}.$$
$$k = \frac{\lambda_1{}^2 - \lambda_2{}^2}{2\,\lambda_0{}^2} \simeq \frac{\lambda_1 - \lambda_2}{\lambda_0}.$$

Schlußbemerkung:

In gleicher Weise wie bei der Messung von Kapazitäten ist bei der Verwendung der einzelnen Meßmethoden der Einfluß der Selbstinduktion und Kapazität der Zuleitungen, sowie der Kapazität der Spulen selbst zu berücksichtigen.

# C. Wellenlängen.

Während in der Elektrotechnik vorwiegend der Begriff der „Periodenzahl" eines Wechselstromes gebräuchlich ist, weicht man in der Radiotelegraphie aus Zweckmäßigkeitsgründen von dieser Gewohnheit ab und rechnet ausschließlich mit „Wellen-

Wellenmesser.

längen". Zwischen Wellenlänge $\lambda$, Periodendauer $T$ und Periodenzahl $\nu$ besteht die Beziehung

$$\lambda^{cm} = 3 \cdot 10^{10} \cdot T = \frac{3 \cdot 10^{10}}{\nu}.$$

Wellenmesser sind demnach Frequenzmesser mit abgeänderter Skalenteilung. Da die Periodenzahlen, mit denen in der Radiotelegraphie gearbeitet wird, die in der Stark- und Schwachstromtechnik üblichen bei weitem überragen, sind die für die Konstruktion von Frequenzmessern verwendeten Gesichtspunkte nicht auf den Bau von Wellenmessern übertragbar. Allein das Prinzip der elektrischen Resonanz bildet bei allen Wellenmessern den grundlegenden Konstruktionsgedanken. Die Ausführungsformen jedoch bewegen sich nach zwei Richtungen, indem bei den älteren Typen ein offener Schwingungskreis, bei den neueren ein geschlossener Schwingungskreis auf die Wellenlänge des Oszillatorkreises abgestimmt wird.

Als Vertreter der ersten Gruppe sind drei Slabystäbe vorhanden, deren Meßbereiche sich über

$$\lambda = \ \ 40 \text{ bis } 180^{m}$$
$$\lambda = 120 \ \ ,, \ \ \ 420^{m}$$
$$\lambda = 200 \ \ ,, \ 1040^{m}$$

erstrecken, während auf dem Prinzip des geschlossenen Schwingungskreises der Dönitzsche Wellenmesser (Telefunken) und der Hahnemannsche Wellenmesser (Lorenz) beruhen.

Da für Schwingungskreise, in denen die Dämpfung möglichst klein gehalten ist, die Wellenlänge $\lambda$ sich aus der Beziehung

$$\lambda^{cm} = 2\pi \cdot \sqrt{L^{cm} \cdot C^{cm}}$$

berechnen läßt, so können aus Spulen und veränderlichen Kapazitäten oder aus Variometern und festen Kondensatoren je nach Bedarf Wellenmesser für die verschiedensten Meßbereiche zusammengestellt werden. Die folgenden Schaltungen gestatten die Nachkontrolle der so berechneten Wellenlängen. Hierbei ist zu beachten, daß die Eichung streng genommen nur für den betreffenden Indikator richtig ist, der als Resonanzzeiger dient. Eine übersichtliche Darstellung der hierzu brauchbaren Instrumente findet sich in dem Abschnitt über Empfänger.

## 1. Eichung eines Wellenmessers durch Vergleich mit einem Normalwellenmesser.

$$\lambda = \lambda_n = \lambda_x.$$

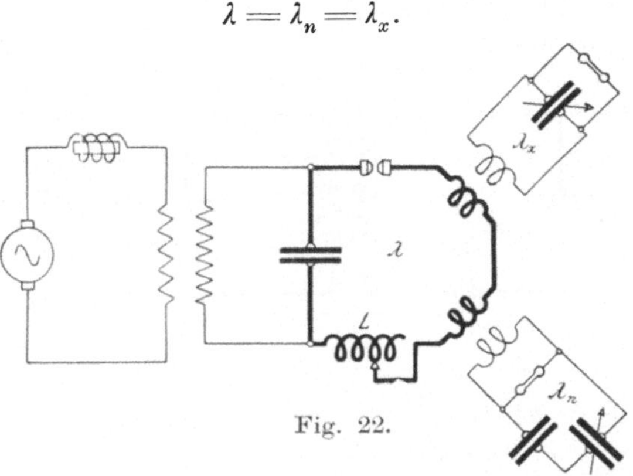

Fig. 22.

Die Kapazität des Oszillatorkreises wird derart gewählt, daß der Induktor mit der Periodenzahl des Wechselstromgenerators sich in Resonanz befindet. Mit beiden Wellenmessern wird sodann die Wellenlänge des Erregerkreises gemessen. Die sich ergebenden Werte sind als Funktion der Einstellung aufzutragen. Durch Änderung der Selbstinduktion $L$ läßt sich die Eichung über den ganzen Meßbereich der Wellenmesser durchführen.

Wird die Hochfrequenz mit Hilfe eines Lichtbogengenerators erzeugt, so läßt sich außer der Grundschwingung mit Hilfe der Wellenmesser noch eine Reihe von Oberwellen nachweisen, die stets ein Vielfaches der Ausgangsfrequenz darstellen. Damit ist eine wertvolle Kontrolle der gewonnenen Eichkurve gegeben.

## 2. Eichung eines Empfangskreises in der Stationsprüferschaltung.

Für die Aufnahme von Depeschen ist die Kenntnis der Wellenlänge der ankommenden Wellen nötig. Ihre Messung begegnet keinen Schwierigkeiten, wenn die Wellenlänge des an der Sekundärspule des Empfangstransformators hängenden Schwingungssystems in Abhängigkeit von der Kondensator-



3

stellung bekannt ist. Diese Eichung kann in nachfolgender Stationsprüferschaltung vorgenommen werden (vgl. auch Abschnitt: Empfängerschaltung).

Aufzutragen ist:

$$\lambda_n = \lambda_x = f(\alpha).$$

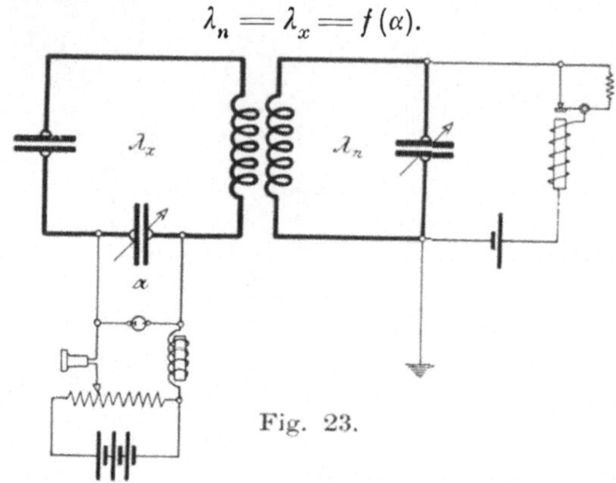

Fig. 23.

## 3. Eichung eines Oszillators für bestimmte Wellenlängen.

Zur Prüfung von Empfangseinrichtungen und Abstimmung von Empfangssystemen ist ein geeichter Oszillator vielfach mit Vorteil zu verwenden. Durch Zusammenschaltung eines derartigen Erregerkreises mit einem Normalwellenmesser kann in nebenstehender Brückenschaltung die Eichung vorgenommen werden, wobei

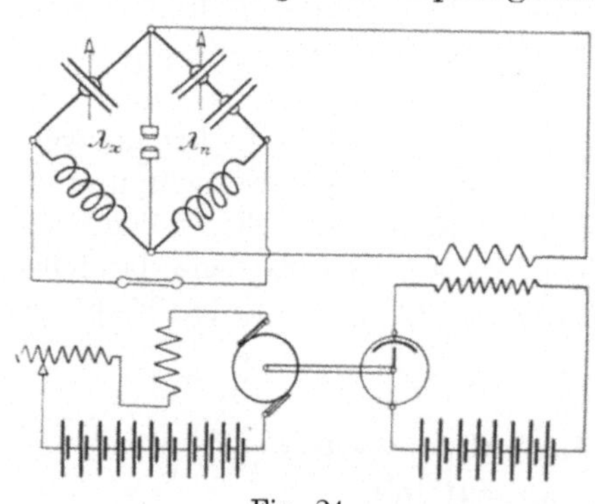

Fig. 24.

$$\lambda_n = \lambda_x.$$

## 4. Messung der Eigenschwingung der Antenne.

Als Beispiel für eine Wellenmessung sei die Eigenschwingung einer in der Markonischaltung erregten Antenne zu bestimmen.

Die Messung ergebe eine Eigenschwingung $\lambda_A$. Bei Einschaltung der Kapazität $C$, bzw. der Selbstinduktion $L$ geht die Wellenlänge über in $\lambda_C$ und $\lambda_L$. Ist die zugeschaltete Selbstinduktion und Kapazität derartig gewählt, daß die Wellenlängen nicht erheblich von einander abweichen, so gestatten diese drei Messungen die annähernde Berechnung der Eigenkapazität $C_A$ und der Eigenselbstinduktion $L_A$ der Antenne selbst. Man erhält:

$$C_{A_C} = C \cdot \frac{\lambda_A{}^2 - \lambda_C{}^2}{\lambda_C{}^2} \backsimeq 2\,C\,\frac{\lambda_A - \lambda_C}{\lambda_C}$$

$$C_{A_L} = \frac{\lambda_L{}^2 - \lambda_A{}^2}{4\,\pi^2 \cdot L} \backsimeq \frac{(\lambda_L{}^2 - \lambda_A{}^2) \cdot \lambda_L}{20 \cdot L}$$

$$C_A = \frac{C_{A_C} + C_{A_L}}{2}$$

$$L_A = \frac{\lambda_A{}^2}{4\,\pi^2 \cdot C_A}.$$

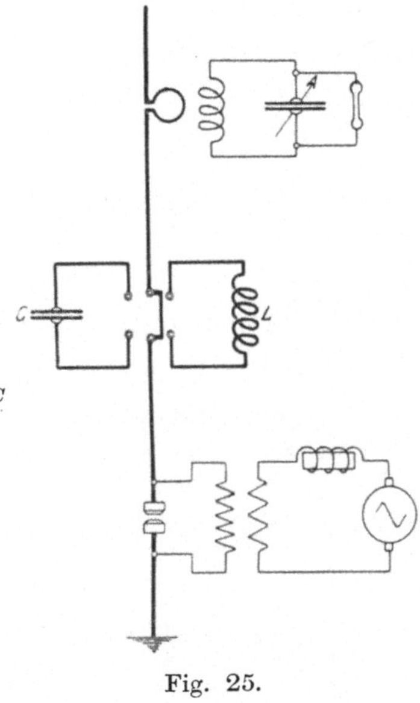

Fig. 25.

Die gewonnenen Resultate können um so mehr den Anspruch auf Genauigkeit machen, je mehr das Strahlgebilde die Eigenschaften eines geschlossenen Schwingungskreises aufweist.

Die nach dieser Messung bestimmte wirksame Kapazität $C_A$ und Selbstinduktion $L_A$ der Antenne hängt demnach nicht nur von ihren Abmessungen ab, sondern wird vor allem durch die Art der örtlichen und zeitlichen Strom- und Spannungsverteilung in dem Drahtsystem bedingt, welche wiederum eine Funktion der Wellenlänge ist. Dieser Umstand muß auch bei den im Abschnitte A. beschriebenen Kapazitätsmessungen von Strahldrähten entsprechend berücksichtigt werden.

### 5. Messung der Wellenlänge eines Lichtbogengenerators nach der indirekten Methode.

Diese Messung erfordert die umstehende Schaltung.

Aus den Angaben des Gleichstromspannungsmessers $e_g$ und des Elektrometers $e_c$ berechnet sich unter Annahme eines

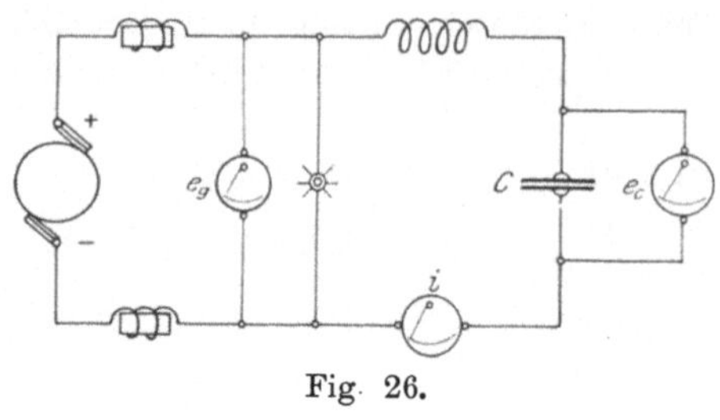

Fig. 26.

sinusförmig verlaufenden Hochfrequenzstromes $i$ die an der Kapazität wirksame Wechselspannung $e_w$ zu:

$$e_w = \sqrt{e_c{}^2 - e_a{}^2}$$

woraus folgt:

$$\lambda^{cm} = \frac{2\pi}{30} \cdot \frac{C^{cm} \cdot e_w}{i}.$$

## 6. Eichung einer Empfangsstationseinrichtung.

Die Ausrüstung einer vollständigen Empfangsstation gliedert sich in jene Apparate, die zum Hörempfang und Schreibempfang dienen, sowie diejenigen Vorrichtungen (Variometer, Drehkondensatoren), welche zur Abstimmung auf eine gewünschte Wellenlänge nötig sind.

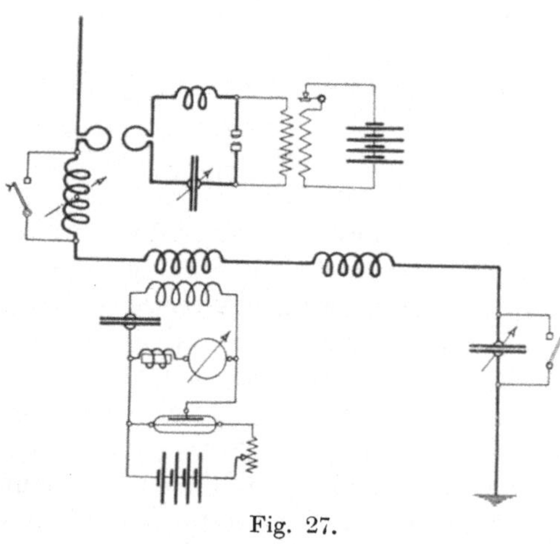

Fig. 27.

Die Natur der verwendeten Empfänger bringt es meist mit sich, daß der Antennenstrom zunächst die Primärwicklungen von Transformatoren durchfließt, deren Sekundärwicklungen mit Kondensatoren und dem betreffenden Detektor einen besonderen Schwingungskreis bilden. Ein betriebssicherer Empfang erfordert demgemäß die genaue Abstimmung aller Kreise auf die ankommenden Wellenlängen. Dieselbe wird zweckmäßig mit einem geeichten Oszillator vorgenommen, der mit einer bestimmten Frequenz den Antennenkreis induziert und dessen Selbstinduktion oder Kapazität so lange zu ändern ist, bis das Zeigerinstrument der Wehneltröhre einen größten Ausschlag anzeigt. Nach der

Durcheichung der Sekundärkreise, eine Messung, welche in der Aufgabe 2 dieses Abschnittes behandelt wurde, werden die einzelnen Kreise wieder zusammengeschaltet.

Selbstverständlich können statt der Wehneltröhre auch andere Indikatoren benutzt werden.

## D. Die Dämpfung.

Werden die Belege eines geladenen Kondensators miteinander verbunden, so setzt sich in periodischem Wechsel die potentielle Energie $\dfrac{C \cdot V^2}{2}$ in kinetische $\dfrac{L \cdot J_0^2}{2}$ um, sofern der Schwingungskreis keine Verluste aufzuweisen hat. Da diese sich jedoch aus praktischen Gründen nie ganz vermeiden lassen, kann der Ausgleichsvorgang auch aperiodisch verlaufen, je nachdem der äquivalente Widerstand des Kreises im Verhältnis zur Selbstinduktion und Kapazität entwickelt ist. Hierbei wird die elektrische Energie vor allem in Joulesche Wärme umgewandelt, d. h. der Kondensator verliert seine Ladung. Für die Zwecke der Hochfrequenztechnik kommt allein der periodisch verlaufende Ausgleichsvorgang in Frage, der dadurch gekennzeichnet ist, daß die Stromamplituden stetig abnehmen. Bezeichnet $J_0$ den Maximalwert des Stromes beim Einsetzen der Entladung, so läßt sich die Strömung für jeden Moment $t$ durch folgende Gleichung ausdrücken:

$$i_t = J_0 \cdot e^{-\frac{w}{2L} \cdot t} \cdot \sin \omega t = A_1 \cdot \sin \omega t.$$

Unter Dämpfungverhältnis wird nun das Verhältnis zweier aufeinanderfolgender Amplituden verstanden, eine Größe, die für den ganzen Schwingungsverlauf veränderlich oder konstant ist, je nachdem der Widerstand des Kreises von der Stromstärke abhängt oder nicht.

Dieses Verhältnis wird:

$$\frac{A_1}{A_2} = \frac{i_t}{i_{t+T}} = \frac{J_0 \cdot e^{-\frac{w}{2L} t} \cdot \sin \omega t}{J_0 \cdot e^{-\frac{w}{2L}(t+T)} \cdot \sin \omega t}$$

$$\frac{A_1}{A_2} = e^{\frac{w}{2L} \cdot T} = e^{\delta \cdot T_|}$$

$$\frac{w}{2L} = \delta = \text{Dämpfungsfaktor.}$$

$$\log \text{ nat } \frac{A_1}{A_2} = \delta \cdot T = \mathfrak{d}.$$

$\mathfrak{d} = $ logarithmisches Dekrement der Dämpfung.

Die Kenntnis des Wertes $\mathfrak{d}$ gestattet demnach die Berechnung des Verlustes in einem Hochfrequenzkreise, wobei es gleichgültig ist, ob die Schwingungen aus einer Reihe gedämpfter Entladungen bestehen, oder durch einen Lichtbogengenerator erzeugt werden.

Zur meßtechnischen Bestimmung des Dämpfungsdekrementes selbst sind eine große Reihe von Methoden (z. B. mittels Braunscher Röhre, Magnetdetektor, Pendelunterbrecher usw.) ausgearbeitet worden. Für die Messungen der Praxis kommen hauptsächlich zwei in Frage:

I. die Vergleichsmethode und
II. die Resonanzmethode.

Die erstere findet vor allem bei Bestimmung der Dämpfungsanteile von Einzelapparaten (Kondensatoren, Spulen usw.) Verwendung, während die auf den Bjerkneßschen Gleichungen fußende Resonanzmethode das logarithmische Dekrement ganzer Kreise schnell zu bestimmen gestattet.

Da die Ausführung dieser Messung die Anwendung zweier Schwingungskreise voraussetzt, enthält die aufgenommene Resonanzkurve naturgemäß die Summe der Dämpfungswerte beider Systeme. Die Trennung dieser Dämpfungswerte läßt sich erreichen:

1. Durch passende Wahl des Dekrementes eines Kreises. Bei Anwendung geeigneter Wellenerreger kann das logarithmische Dekrement des einen Kreises gegenüber dem des zweiten vernachlässigt werden.

2. Durch Einfügung zusätzlicher bekannter Dämpfungen. Mit Hilfe geeichter Widerstände schafft man zwei charakteristische Zustände, aus deren Daten sich die gesuchten Einzelgrößen berechnen lassen. Vielfach ist hierbei die Aufnahme der gesamten Resonanzkurve nicht notwendig, was die Schnelligkeit und Genauigkeit des Meßverfahrens erhöht.

Auch für eng gekoppelte Kreise kann die Resonanzmethode bei entsprechender Schaltung Verwendung finden.

## 1. Messung des Dämpfungsbeitrags von Kondensatoren in Hochfrequenzkreisen.

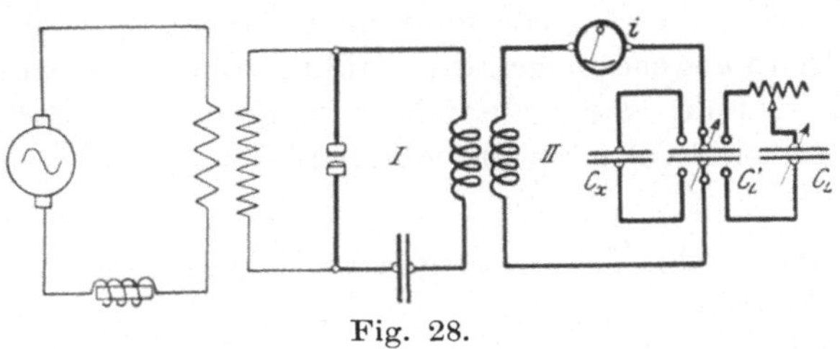

Fig. 28.

Wird der lose gekoppelte Resonatorkreis II einmal durch Veränderung von $(C_x + C'_L)$, sodann unter Verwendung der verlustlosen Luftkondensatoren $(C_L + C'_L)$ mit dem stark gedämpften Erregerkreis I in Resonanz gebracht, so verhalten sich die logarithmischen Dekremente des Resonanzkreises umgekehrt wie die Quadratwerte der in beiden Fällen sich einstellenden Stromstärken

$$i_x^2 : i_L^2 = \mathfrak{d}_L : \mathfrak{d}_x.$$

Nachdem $i_x$ und $i_L$ durch passende Wahl von $w$ auf den gleichen Wert gebracht sind, berechnet sich der Dämpfungsbeitrag des Kondensators $C_x$ zu

$$\mathfrak{d}_x = \frac{1}{150} \cdot \frac{C^{cm} \cdot w^{\Omega}}{\lambda^m}.$$

$\mathfrak{d}_x$ ist abhängig von der spezifischen Beanspruchung des Dielektrikums, d. h. Watt pro Kubikzentimeter und pro Entladung. Durch Veränderung der Kopplung beider Kreise läßt sich die Abhängigkeit der Dämpfung $\mathfrak{d}_x$ von der spezifischen Beanspruchung messen.

Ist $\Sigma w$ der Gesamtwiderstand des Kreises und $a$ die Funkenzahl pro Sekunde, so ergibt sich die Schwingungsenergie zu

$$\text{Watt/Entladung} = \frac{i^2 \cdot \Sigma w}{a}$$

$\mathfrak{d}_x = f$ (Watt pro Kubikzentimeter und pro Entladung).

Wird der Oszillatorkreis durch einen Lichtbogengenerator erregt, so vergrößert sich bei gleicher Höchstbeanspruchung des Dielektrikums der bei Funkenentladung gefundene Mittelwert im Verhältnis der maximalen zur mittleren Amplitude.

Der Einfluß der Randstrahlung auf die Größe der Verluste ergibt sich dadurch, daß man nach der vorliegenden Methode zwei Dämpfungsmessungen durchführt, wobei die Kondensatoren einmal in Luft, das andere Mal in einem die Randstrahlung verhindernden Ölbade sich befinden.

## 2. Messung des Dämpfungsanteils von Abstimmspulen.

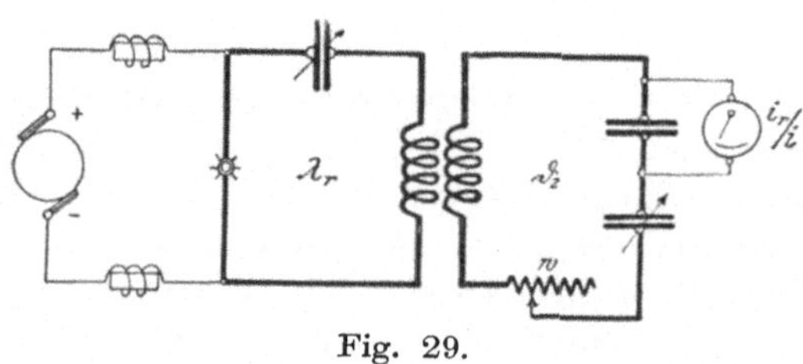

Fig. 29.

Da ein beträchtlicher Teil der verfügbaren Hochfrequenzenergie der Sende- wie der Empfangsstation in den wirksamen Widerständen der eingeschalteten Spulen verloren geht, ist die Herabdrückung der Spulenverluste von größter Wichtigkeit für den richtigen Aufbau der Stationen.

Die im folgenden beschriebene Dämpfungsmessung gestattet in exakter Weise die in Betracht kommenden Größen zu ermitteln. Nach Abstimmung des Empfangskreises auf die Welle $\lambda_r$ des Erregerkreises zeige der Strommesser bei ausgeschaltetem Widerstande $w$ einen größten Anschlag $i_r$. Sinkt nach Einfügung des Widerstandes $w$ bei gleicher Wellenlänge $\lambda_r$ der Strom auf den Wert $i$, so ergibt sich der Widerstand des gesamten Resonatorkreises zu:

$$w_2 = w \frac{i}{i_r - i}.$$

Unter Berücksichtigung des wirksamen Widerstandes $w_i$, den der Stromzeiger in das System hineinbringt, berechnet sich der gesuchte Spulenwiderstand $w_L$ zu:

$$w_L = w_2 - w_i$$

$$\mathfrak{d}_L = \frac{1}{150} \cdot \frac{C^{cm} \cdot w_L^{\Omega}}{\lambda_r^{m}}.$$

Als Stromindikatoren können natürlich mit gleichem Erfolge Thermoelemente, Bolometer, Thermogalvanometer usw. Verwendung finden.

Von besonderem praktischen Interesse ist die Kenntnis des Einflusses, den die im folgenden aufgezählten Größen auf die Höhe der Spulenverluste ausüben:

a) Drahtmaterial,
b) Drahtquerschnitt,
c) Isolationsmaterial des Drahtes (spezifische Beanspruchung der Isolatoren),
d) Unterteilung des Litzendrahts (isoliert und nicht isoliert),
e) Lagenzahl der Spule,
f) Steighöhe der Spule,
g) Material des Spulenkörpers.

In gleicher Weise kann weiterhin der wirksame Widerstand von Hitzdrahtinstrumenten, Drahtrollen usw. ermittelt und der Einfluß der Wellenlänge festgestellt werden.

### 3. Messung von Widerständen mit Hochfrequenz.

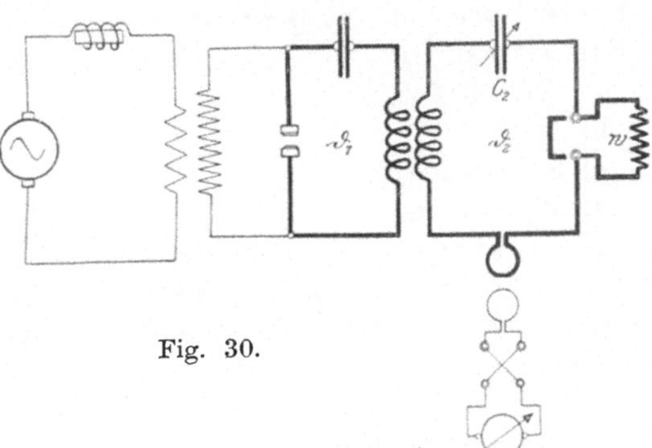


Fig. 30.

Durch Veränderung der Kapazität $C_2$ des Resonators werden zwei Resonanzkurven einmal ohne und dann mit Widerstand $w$ aufgenommen. Nach bekanntem im folgenden mehrfach beschriebenen Verfahren berechnet sich dann die Gesamtdämpfung der zwei Schwingungskreise in den beiden Fällen zu:

$$\mathfrak{d}_1 + \mathfrak{d}_2 = \frac{\pi}{2} \cdot \sqrt{\frac{\alpha}{\alpha_r - \alpha}} \cdot \frac{C' - C''}{C_r} = a_1$$

$$\mathfrak{d}_1 + \mathfrak{d}_2 + \varDelta\mathfrak{d}_2 = \frac{\pi}{2} \cdot \sqrt{\frac{\alpha'}{\alpha'_r - \alpha'}} \cdot \frac{C' - C''}{C_r} = a_2$$

Daraus folgt:   $\varDelta\mathfrak{d}_2 = a_2 - a_1$

$$w^\Omega = 150 \cdot \frac{\lambda^m}{C^{cm}} \cdot \varDelta\mathfrak{d}_2.$$

### 4. Messung der Dämpfung von Funkenstrecken.

Die Kenntnis der Größe der Funkendämpfung ist eine der wichtigsten Forderungen für den zweckmäßigen Aufbau von Erregerkreisen. Am einfachsten läßt sich diese Messung durchführen, indem man die Funkenstrecke mit Spulen und Kondensatoren, deren Eigendämpfung bekannt ist, zusammenfügt, die Gesamtdämpfung nach den in den folgenden Aufgaben behandelten Methoden mißt und von dem Resultate die zusätzliche Dämpfungsgröße des Schwingungskreises abzieht. Die Messung wird sich darauf erstrecken, den Funkenwiderstand in Abhängigkeit von folgenden Größen zu ermitteln:

1. Elektrodenform und Material und Art der Umgebung.
2. Funkenlänge und Funkenzahl.
3. Kreiskonstanten:
    a) Wellenlänge,
    b) Kapazität,
    c) Selbstinduktion,
    d) Widerstand.

Diese Untersuchungen können durchgeführt werden an einer Reihe verschieden geformter, einfacher und unterteilter Zinkfunkenstrecken, Quecksilberlampen und Zischfunkenstrecken, deren Elektrodenmaterial aus Aluminium, Eisen, Silber oder Kupfer besteht.

Wird die untersuchte Funkenstrecke in den Schwingungskreis der Sendestation eingefügt, so können nur dann die gewonnenen Werte über den äquivalenten Widerstand des Funkens zur Berechnung der Gesamtdämpfung der Anlage verwendet werden, wenn die elektrischen Daten die gleichen wie bei der vorher benutzten Versuchsanordnung sind.

Dies ist besonders zu beachten, wenn die Messung der Funkendämpfung nach der folgenden Substitutionsmethode mit Hilfsfunkenstrecke vorgenommen wird.

Während der hohe Widerstand $R$ (oder auch eine Drosselspule) die Aufladung des Kondensators $C$ ohne weiteres gestattet, erfolgt der Entladungsvorgang über die Funkenstrecke $F$. Wird dann statt dieser ein veränder

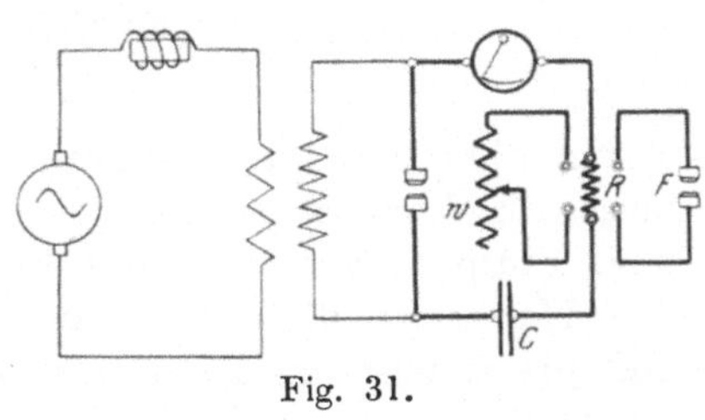

Fig. 31.

licher induktionsfreier Widerstand $w$ in den Kreis eingeschaltet und seine Größe derart eingestellt, daß die Angabe des Hitzdrahtinstrumentes die gleiche ist wie vorher, so ist der mittlere Funkenwiderstand gleich dem des eingeschalteten Widerstandes $w$.

### 5. Messung der Dämpfung des geschlossenen Schwingungskreises einer Sendestation.

Die Dämpfung des Erregerkreises der Sendeschaltung setzt sich zusammen aus der dämpfenden Wirkung der Funkenstrecke, sowie den Verlusten in den Kondensatoren und der Selbstinduktion. Die Summe dieser Größen läßt sich mit folgender Versuchsanordnung messen:

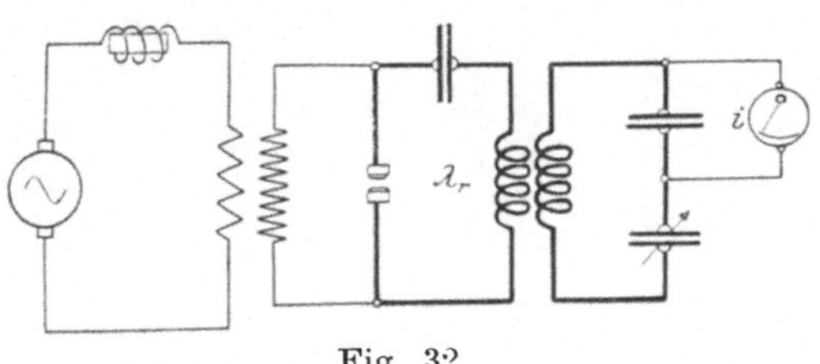

Fig. 32.

Mit Hilfe des Wellenmessers wird zunächst die Wellenlänge $\lambda_r$ des Erregerkreises entsprechend einem maximalen Strome $i_r$ bestimmt. Wird nun der Wellenmesser derartig verstimmt, daß $i^2 = \dfrac{i_r^2}{2}$ sich einstellt, entsprechend den beiden Wellenlängen $\lambda'$ und $\lambda''$, so berechnet sich die Summe der logarithmischen Dekremente beider Schwingungskreise zu

$$\delta_1 + \delta_2 = \pi \cdot \frac{\lambda' - \lambda''}{\lambda_r} = \frac{\pi}{2} \cdot \frac{C' - C''}{C_r},$$

sofern die Oszillatorschwingung sinusförmig und das logarithmische Dekrement klein gegen $2\pi$ ist. Bei bekannter Wellenmesserdämpfung $\delta_2$ ist somit $\delta_1$ gefunden.

Hat man die vollständige Resonanzkurve aufgenommen und greift man aus dieser zwei beliebige, aber unter sich gleiche Werte von $i^2$ heraus, so ist die folgende erweiterte Gleichung der Berechnung zugrunde zu legen:

$$\delta_1 + \delta_2 = \pi \cdot \sqrt{\frac{i^2}{i_r^2 - i^2}} \cdot \frac{\lambda' - \lambda''}{\lambda_r} = \frac{\pi}{2} \cdot \sqrt{\frac{i^2}{i_r^2 - i^2}} \cdot \frac{C' - C''}{C_r}.$$

Sind weiter durch an anderer Stelle beschriebene Meßverfahren von der Gesamtdämpfung $\delta_1$ zwei der oben angeführten Einzeldämpfungen bekannt, so gestattet diese Methode eine Trennung der Gesamtverluste. Hierbei ist jedoch zu beachten, daß die einzelnen Dämpfungswerte unter denselben Versuchsbedingungen bestimmt werden müssen.

Arbeitet der Oszillator auf eine Antenne, wird ihm also Energie entzogen, so hat dies naturgemäß ein Anwachsen der Dämpfung dem leerschwingenden Erregerkreis gegenüber zur Folge. Die Messung dieses Zuwachses in Abhängigkeit von der Nutzenergie $e_2 \cdot i_2$ gestattet nebenstehende Versuchsanordnung.

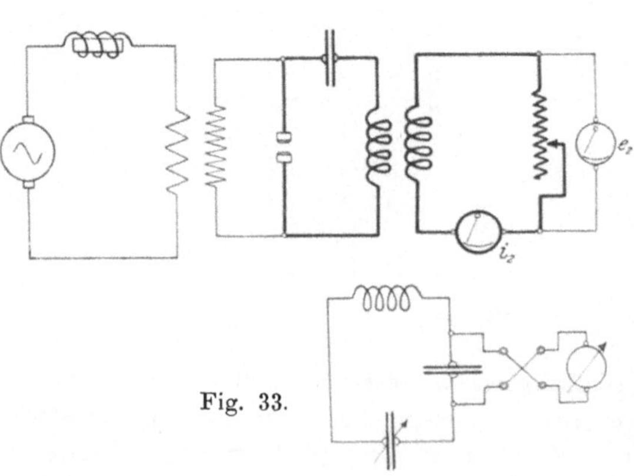

Fig. 33.

In ähnlicher Weise kann in dieser Schaltung die Dämpfung eines mit einer Quecksilberlampe oder Zischfunkenstrecke ausgerüsteten Schwingungskreises ermittelt werden.

### 6. Messung der Dämpfung eines Luftleiters.

#### (Strahlungsdämpfung.)

Die Dämpfung eines in loser Kopplung erregten Luftleiters setzt sich aus zwei Größen zusammen:

a) der nützlichen Strahlungsdämpfung $= \mathfrak{d}_s$,

b) der schädlichen Dämpfung $= \mathfrak{d}_w$, bei der man den Einfluß folgender Einzelfaktoren unterscheiden kann:

$\alpha$) Joulesche Verluste in den Antennendrähten, eingeschalteten Spulen und Kondensatoren,

$\beta$) Verluste durch Induktion in benachbarten Leitern und den Halteseilen des Sendegebildes,

$\gamma$) Verluste durch die Erdströme,

$\delta$) Verluste durch Drahtsprühen und Isolationsfehler.

$$\mathfrak{d} = \mathfrak{d}_s + \mathfrak{d}_w.$$

Die Ermittlung der Gesamtdämpfung $\mathfrak{d}$ kann in folgender Meßanordnung erfolgen:

Nachdem das Strahlsystem bei loser Kopplung auf die Wellenlänge des Erregerkreises abgestimmt ist (Wellenlänge $\lambda$, Stromstärke $i_1$), wird durch den induktionsfreien Widerstand $w$ die Dämpfung der Antenne um

$$\varDelta \mathfrak{d} = \frac{1}{150} \cdot \frac{C_A^{cm} \cdot w^{\Omega}}{\lambda^m}$$

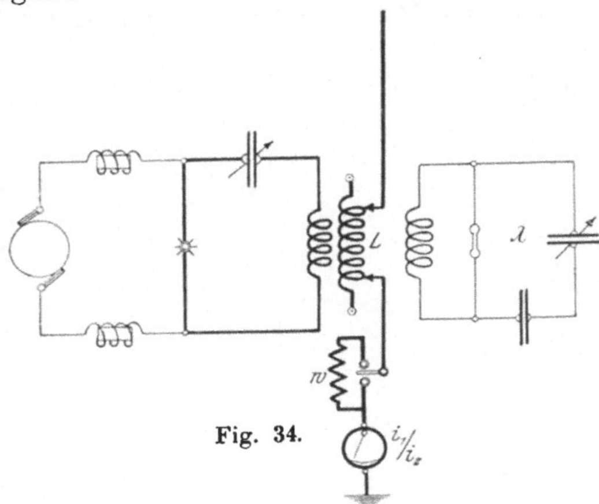

Fig. 34.

vergrößert (Stromstärke $i_2$).

Das Dämpfungsdekrement $\mathfrak{d}$ berechnet sich dann zu:

$$\mathfrak{d} = \varDelta\mathfrak{d} \cdot \frac{i_2}{i_1 - i_2}.$$

Um die Größenordnung der eigentlichen Strahlungsdämpfung zu beurteilen, sind von der Gesamtdämpfung die Summe der Dekremente abzuziehen, die den oben angegebenen Verlusten entsprechen. Wenn es auch gelingt, die Leitungswärme der Sendedrähte und die schädliche Induktion benachbarter Metallmassen durch entsprechende Anordnungen niedrig zu halten, wenn es auch möglich ist, den dämpfenden Einfluß eingeschalteter Spulen, Kondensatoren und Hitzdrahtinstrumente im Endergebnis annäherungsweise zu berücksichtigen, so kann durch die bisher mangelnde Einsicht über die Größe der Sprüh- und Isolationsverluste, sowie der Verluste durch die Erdströme, der genaue Wert der Strahlungsdämpfung $\mathfrak{d}_s$ nur annähernd bestimmt werden. Besonders ist hierbei zu beachten, daß das so gefundene Dekrement nur für die betreffende Schaltungsanordnung Gültigkeit besitzt, da vorgeschaltete Spulen und Kondensatoren die Phase und Verteilung des Stromes, ganz abgesehen von der Wellenlänge, maßgebend beeinflussen.

### 7. Messung der Dämpfung des Markonisenders.

Wie das Dämpfungsdekrement eines geschlossenen Schwingungskreises, so kann auch das eines offenen Strahlgebildes ermittelt werden.

Nachdem die Wellenlänge des Erregerkreises zu $\lambda_r$ bestimmt ist, wobei das mit dem Thermoelement verbundene Galvanometer den Ausschlag $\alpha_r$ anzeigte, wird eine Verstimmung des Resonators vorgenommen derart, daß $\alpha = \dfrac{\alpha_r}{2}$

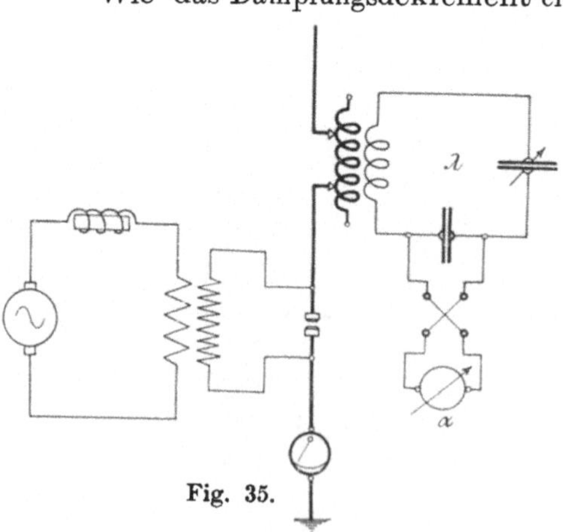

Fig. 35.

sich einstellt. Sind die hierbei sich ergebenden Wellenlängen $\lambda'$ und $\lambda''$, so berechnet sich die Gesamtdämpfung beider Kreise zu:

$$\mathfrak{d}_A + \mathfrak{d}_2 = \pi \cdot \frac{\lambda' - \lambda''}{\lambda_r}.$$

Ist das Dämpfungsdekrement $\mathfrak{d}_2$ des Wellenmessers bekannt, so ist damit die gesuchte Größe $\mathfrak{d}_A$ gefunden.

Aus früheren Angaben geht hervor, daß die Gesamtdämpfung des Markonisenders aus einer Reihe einzelner Faktoren besteht, welche durch besondere Schaltungen der Messung zugänglich sind. Wenn auch die Möglichkeit verhanden ist, den Dämpfungbeitrag der eingeschalteten Meßapparate zu berücksichtigen, so ist es im allgemeinen nicht angängig, die in geschlossenen Schwingungskreisen gemessenen Dämpfungswerte von Spulen und Kondensatoren in dem vorliegenden Falle einzuführen, da diese Elemente, in eine Antenne eingeschaltet, anderen Arbeitsbedingungen unterworfen sind.

### 8. Messung der Dämpfung eines Wellenmessers.

Für einen großen Teil der Dämpfungsmessungen ist die Kenntnis der Eigendämpfung des Wellenmessers notwendig. Hierbei bedarf es einer besonderen Untersuchung, ob und in welchem Grade das logarithmische Dekrement eine Funktion der Wellenlänge ist. Da im Erregerkreis zweckmäßig ein Lichtbogengenerator verwendet wird, ist dessen Eigendämpfung $\mathfrak{d}_1$ gleich Null zu setzen. Unter sinngemäßer Benutzung der in den vorigen Aufgaben angegebenen Methoden läßt sich der gesuchte Wert $\mathfrak{d}_2$ aus folgender Beziehung ermitteln:

$$\mathfrak{d}_2 = \pi \cdot \frac{\lambda' - \lambda''}{\lambda_r}.$$

Einen anderen Weg bietet die folgende Schaltung:

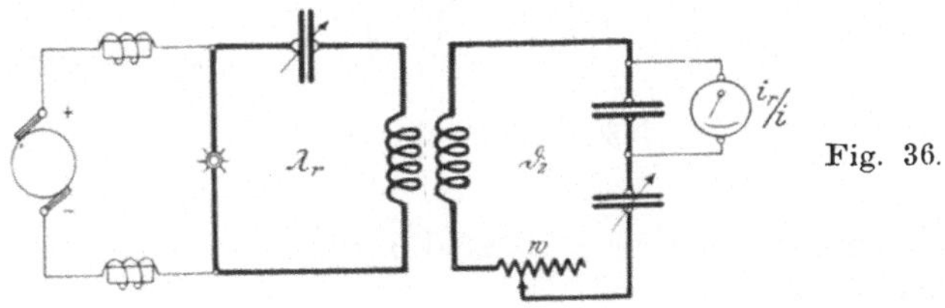

Fig. 36.

Nachdem die Messung der Wellenlänge des Oszillatorkreises den Wert $\lambda_r$ bei einer Stromstärke $i_r$ ergeben hat, wird durch Einschaltung eines Widerstandes $w$ der Ausschlag des Stromzeigers auf annähernd die Hälfte verkleinert. Die zusätzliche Dämpfung des Wellenmessers bei der zweiten Einstellung ergibt sich aus der Gleichung:

$$\varDelta \mathfrak{d} = \frac{1}{150} \cdot \frac{C^{cm} \cdot w^{\Omega}}{\lambda_r^{m}}$$

während die Größe $\mathfrak{d}_2$ sich aus der Beziehung

$$\mathfrak{d}_2 = \varDelta \mathfrak{d} \cdot \frac{i}{i_r - i}$$

berechnen läßt. Findet statt des Strommessers ein Hitzdrahtwattzeiger, Thermoelement, Bolometer oder Thermodetektor Verwendung, so erfolgt die Berechnung von $\mathfrak{d}_2$, sofern $\alpha$ den Ausschlag an dem betreffenden Instrument bedeutet, nach der Gleichung:

$$\mathfrak{d}_2 = \varDelta \mathfrak{d} \cdot \frac{\sqrt{\alpha}}{\sqrt{\alpha_r} - \sqrt{\alpha}}.$$

## 9. Messung der Dämpfung eines mit einem Thermodetektor ausgerüsteten Empfangskreises.

(Dämpfungsbeitrag von Detektoren.)

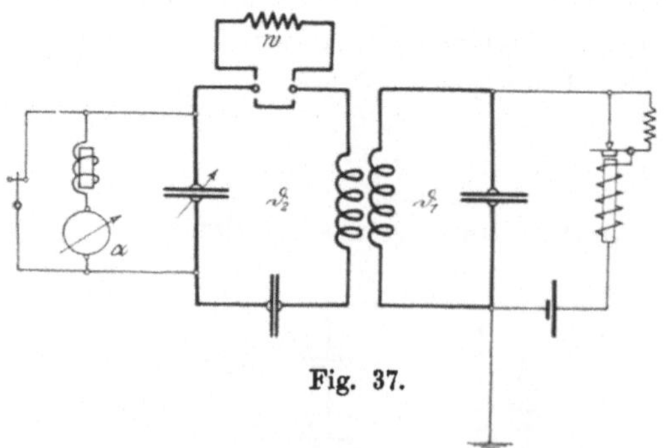

Fig. 37.

Die dämpfenden Ursachen in einem Empfangskreise sind die Verluste, welche in den Spulen und Zuleitungen, sowie in den zur Verwendung kommenden Detektoren auftreten.

Die Summe der im Oszillator und Resonator vorhandenen Einzeldämpfungen ergibt sich aus der Resonanzkurve zu:

$$\mathfrak{d}_1 + \mathfrak{d}_2 = \pi \cdot \frac{\lambda' - \lambda''}{\lambda_r} \cdot \sqrt{\frac{\alpha}{\alpha_r - \alpha}},$$

wobei der am Galvanometer abgelesene größte Ausschlag $\alpha_r$ einer Wellenlänge $\lambda_r$ entspricht, während für die Ablenkung $\alpha$ die Wellenlängen $\lambda'$ und $\lambda''$ aus der Resonanzkurve entnommen werden.

Wird diese Messung unter Einschaltung eines induktionsfreien Widerstandes $w$ in den Empfängerkreis wiederholt, so hat sich die Gesamtdämpfung beider Kreise um den Wert $\Delta\mathfrak{d}_2$ vermehrt und man erhält demgemäß:

$$\mathfrak{d}_1 + \mathfrak{d}_2 + \Delta\mathfrak{d}_2 = \pi \cdot \frac{\lambda' - \lambda''}{\lambda_r} \cdot \sqrt{\frac{\alpha'}{\alpha_r' - \alpha'}}$$

$$\Delta\mathfrak{d}_2 = (\mathfrak{d}_1 + \mathfrak{d}_2 + \Delta\mathfrak{d}_2) - (\mathfrak{d}_1 + \mathfrak{d}_2)$$

$$\mathfrak{d}_2 = \frac{\Delta\mathfrak{d}_2}{\dfrac{\alpha_r}{\alpha_r'} \cdot \dfrac{\mathfrak{d}_1 + \mathfrak{d}_2}{\mathfrak{d}_1 + \mathfrak{d}_2 + \Delta\mathfrak{d}_2} - 1}.$$

Ist der Widerstand $w$ für Hochfrequenz, sowie die Kapazität des Kondensators genau bekannt, so läßt sich die Aufnahme der zweiten Resonanzkurve durch die folgende unmittelbare Berechnung von $\Delta\mathfrak{d}_2$ ersparen:

$$\Delta\mathfrak{d}_2 = \frac{1}{150} \cdot \frac{C^{cm} \cdot w^{\Omega}}{\lambda^m}.$$

Sofern die Dämpfung des Oszillators die des Resonators bei weitem überwiegt — und dies ist bei Verwendung einer auf Funkenentladung beruhenden Sendeanordnung meist der Fall —, vereinfacht sich die Schlußgleichung zu:

$$\mathfrak{d}_2 = \Delta\mathfrak{d}_2 \cdot \frac{\alpha_r'}{\alpha_r - \alpha_r'}.$$

Wird außerdem noch der Widerstand $w$ so gewählt, daß

$$\alpha_r = 2\alpha_r'$$

ist, so nimmt die Resonatordämpfung den durch den Widerstand $w$ hervorgerufenen Wert an

$$\mathfrak{d}_2 = \Delta\mathfrak{d}_2.$$

Um zu beurteilen, in welchem Maße der eingeschaltete Detektor die Dämpfung des Empfangskreises vermehrt, ver wendet man zwei Empfänger (hier zwei Thermoelemente), die je nach Wunsch in das System eingeführt werden können.

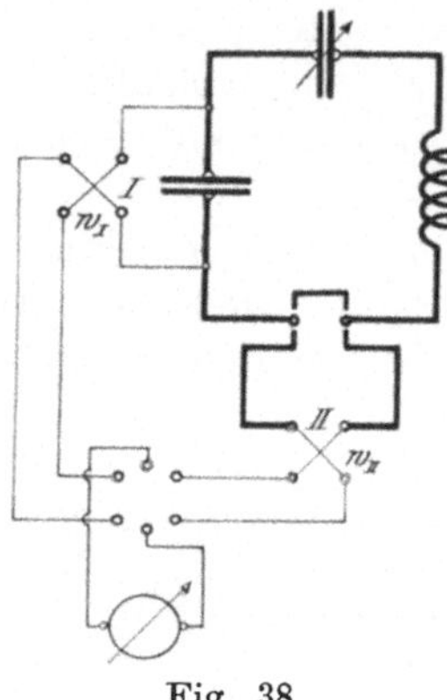

Fig. 38.

Die Eigendämpfung des eigentlichen Schwingungskreises (Spulen, Kondensatoren, Zuleitungen) betrage $\mathfrak{d}_2$.

Wird das Thermoelement $II$ in den Kreis eingefügt, so läßt sich nach den im vorhergehenden beschriebenen Methoden die Dämpfung des Systems bestimmen. Man findet:

$$\mathfrak{d}_2'' = \mathfrak{d}_2 + \varDelta\mathfrak{d}_{II}.$$

Aus dem bekannten Widerstande $w_{II}$ des Empfängers selbst ergibt sich die durch ihn hervorgerufene zusätzliche Dämpfung $\varDelta\mathfrak{d}_{II}$ zu

$$\varDelta\mathfrak{d}_{II} = \frac{1}{150} \cdot \frac{C^{cm} \cdot w_{II}^{\Omega}}{\lambda^m}$$

sonach: $\qquad \mathfrak{d}_2 = \mathfrak{d}_2'' - \varDelta\mathfrak{d}_{II}.$

Wird die Messung unter Verwendung des Detektors $I$ wiederholt, so erhält man entsprechende Dämpfungswerte:

$$\mathfrak{d}_2' = \mathfrak{d}_2 + \varDelta\mathfrak{d}_I$$

das heißt

$$\varDelta\mathfrak{d}_I = \mathfrak{d}_2' - \mathfrak{d}_2.$$

Vielfach wird es zweckmäßig sein, die Meßanordnung dahin abzuändern, daß man die beiden Detektoren unmittelbar hintereinander schaltet.

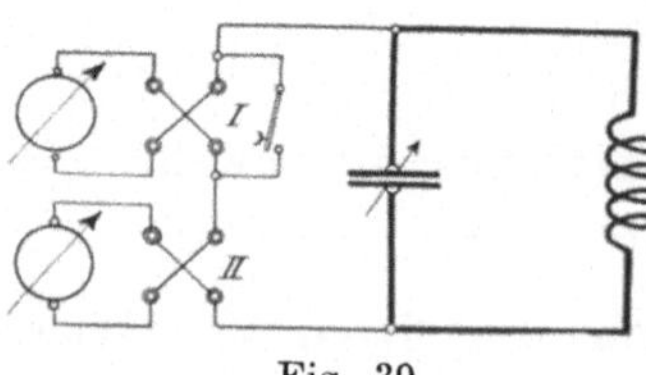

Fig. 39.

Unter sinngemäßer Verwendung der im vorhergehenden beschriebenen Verfahren wird zunächst die Gesamtdämpfung des Oszillators und Resonators bei kurz geschlossenem Detektor I bestimmt. Eine Wiederholung der Messung bei geöffnetem Schalter ergibt einen größeren Dämpfungswert, welcher, um den bei der ersten Beobachtung gefundenen Wert verringert, den Einfluß des Empfängers I darstellt. Ist außerdem der

Widerstand des Detektors II bekannt, so ist damit die Eigendämpfung des Kreises (Spule, Kondensator und Leitungen)
einwandfrei bestimmt.

Wird als Oszillator die Stationsprüferschaltung gewählt,
so ist bei Berechnung des Dekrementes stets darauf Rücksicht
zu nehmen, ob der Primärkreis als Stoßerreger wirkt oder ob
er mit einer ausgesprochenen Wellenlänge schwingt. Diese verschiedenen Betriebsverhältnisse lassen sich dadurch erzielen,
daß man parallel zur Unterbrechungsstelle einen Widerstand
schaltet, der bei kleinen Werten den ersten, bei großen den
zweiten Zustand hervorruft.

### 10. Messung der Dämpfung gekoppelter Systeme.

Die Erzielung möglichst schwach gedämpfter Wellenzüge
durch eine radiotelegraphische Sendestation erfordert die Zusammenschaltung zweier
Schwingungskreise nach
dem Vorbild des Trans-
formators oder Spartrans-
formators. Diese Anord-
nung hat jedoch die weitere
Erscheinung im Gefolge,
daß die in gleicher Eigenfrequenz schwingenden
Einzelkreise nach ihrer Verbindung zwei Wellen ent-
stehen lassen, welche ober-
und unterhalb der Grund-
schwingung liegen. Diese
Tatsache ist um so aus-

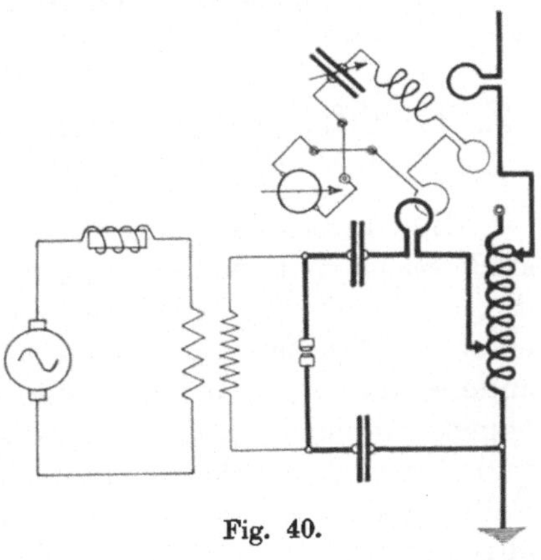

Fig. 40.

geprägter, je fester die Kopplung der Systeme gewählt ist.
Bei loser Kopplung ist jedoch nur eine Schwingung vorhanden, deren Dämpfung in gleicher Weise wie die nur einem
Oszillator eigentümliche bestimmt wird. Im anderen Grenz-
falle (feste Kopplung) bietet die Ermittlung des logarithmischen Dekrementes nach den bekannten Methoden ebenfalls
keine Schwierigkeiten, da aus den genügend weit auseinander-
liegenden Resonanzkurven die gesuchten Werte für jede Einzel-
welle ohne weiteres berechenbar sind.

4*

Liegen die Maxima der Resonanzkurven jedoch nahe aneinander, so erfordert die Messung die umstehende Schaltung (Fig. 40).

Der Meßkreis, der durch zwei Spulen erregt wird, von denen die eine durch den Energiekreis, die andere durch die Antenne induziert wird, kann stets so angeordnet werden, daß nur eine Welle in ihm auftritt. Durch Ausprobieren wird die hierzu nötige Einstellung für die Aufnahme je einer Resonanzkurve gefunden und aus dieser nach den im vorhergehenden beschriebenen Methoden der ihr zukommende Dämpfungswert berechnet.

Schlußbemerkung:

Bei der Aufstellung der Meßkreise ist sorgfältig darauf zu achten, daß jede schädliche Induktion, hervorgerufen durch zu nahe Metallmassen, als dämpfungsvermehrend vermieden werden muß.

## E. Hochfrequenzgeneratoren. Transformatoren. Unterbrecher.

Zur Erzeugung eines Wechselstromes hoher Periodenzahl sind bisher zwei Methoden ausgearbeitet worden, von denen die eine auf der Entladung eines Kondensators beruht, a!so einen Wellenzug mit abnehmender Amplitude liefert, die andere das eigentümliche Verhalten eines Gleichstromlichtbogens ausnutzt, wenn dieser an einem aus Selbstinduktion und Kapazität bestehenden Schwingungskreise anliegt. In diesem Falle entsteht eine Schwingung von annähernd konstanter Amplitude. Jede dieser Methoden zur Erzeugung von Hochfrequenzströmen hat ihre besonderen Vorzüge und Nachteile, die nur im Zusammenhang mit dem Aufbau der Sende- und Empfangsstation und den an diese zu stellenden Anforderungen beurteilt werden können.

Vom betriebstechnischen Standpunkte ist die Kenntnis folgender drei Größen zu fordern:

a) die Größe der erzielten Schwingungsenergie (Nutzleistung),
b) der Wirkungsgrad des Generatorsystems,
c) die Größe der Konstanz des Schwingungszustandes (betriebstechnische Forderung).

Lichtbogengeneratoren.

# I. Lichtbogengeneratoren.

## 1. Messung des Wirkungsgrades eines Lichtbogengenerators.

Die Bestimmung des Wirkungsgrades einer Sendestation beruht auf der Messung der von der Gleichstrommaschine gelieferten Energie und der Strahlungsenergie der Sendedrähte. Ist die Dämpfung der Antenne bekannt, so läßt sich aus ihr nach der Gleichung

$$w_a^\Omega = 150 \cdot \frac{\mathfrak{d} \cdot \lambda_m}{C_A^{cm}}$$

ein äquivalenter Widerstand $w_a$ berechnen, der mit dem Quadrat des Antennenstromes $J_A$ multipliziert annähernd die Größe der Nutzleistung liefert.

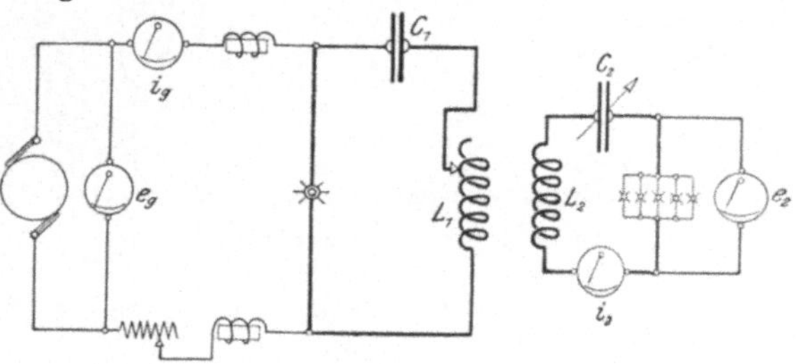


Fig. 41.

Für die Untersuchung eines Schwingungsgenerators ist es zweckmäßig, statt der Sendedrähte ein Belastungsäquivalent (etwa Glühlampen) einzuschalten und die Nutzleistung, sowie den Wirkungsgrad der Anordnung durch Strom- und Spannungsmessungen zu ermitteln. Die Verwendung der Schwungrad-Transformatoren- oder Spartransformatorenschaltung zur Kopplung beider Kreise führt in gleicher Weise zum Ziel. Aus den Stromstärken $i_g$ und $i_2$ (Fig. 41) und den Spannungen $e_g$ und $e_2$ ergibt sich der gesuchte Wirkungsgrad

$$\eta = \frac{e_2 \cdot i_2}{e_g \cdot i_g}.$$

Durch Veränderung der Selbstinduktionen $L_1$ und $L_2$ und der Kapazitäten $C_1$ und $C_2$ läßt sich die Abhängigkeit der Nutzleistung von den elektrischen Größen der Schwingungskreise und der Wellenlänge feststellen. In gleicher Weise ist der Einfluß der Stärke des Magnetfeldes der Lampe, der Gaszufuhr sowie der Länge des Lichtbogens auf die Größe des Wirkungsgrades und der Nutzleistung zu untersuchen. Auf diese Weise wird es ermöglicht, die günstigsten Betriebsverhältnisse für den Lichtbogengenerator festzustellen. Ob derselbe, in die Antenne geschaltet, die gleichen Leistungen aufweist, muß von Fall zu Fall beurteilt werden.

Um die Konstanz des Schwingungszustandes beurteilen zu können, wird die angegebene Schaltung wie folgt erweitert:

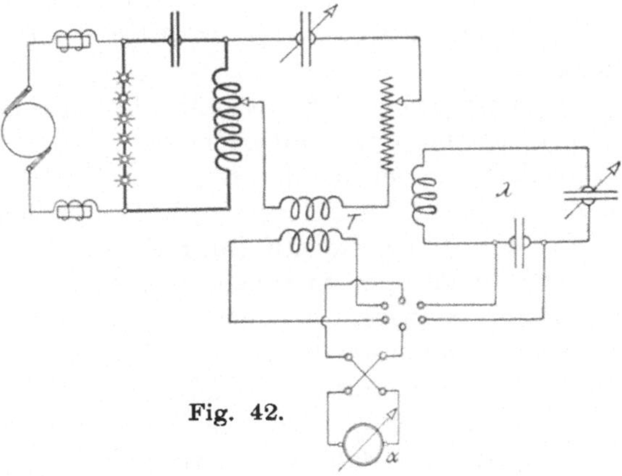

Fig. 42.

Das an den Wellenmesser als Indikator angeschlossene Thermoelement zeigt in seinen Schwankungen die Veränderung der Wellenlänge und der Nutzleistung an, während es, im Sekundärkreis des Transformators $T$ liegend, nur die Energieänderungen angibt. Man findet:

Prozentuale Energieschwankung

$$= \frac{\alpha_{T_{max}} - \alpha_{T_{min}}}{\alpha_{T_{max}}} \, 100 \, \%.$$

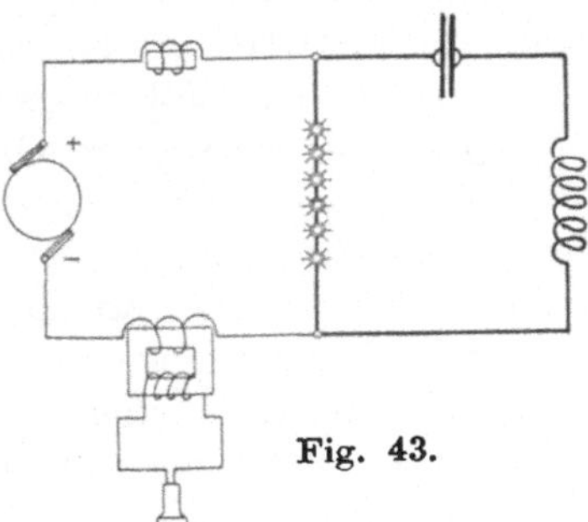

Fig. 43.

Ob die gesamte Anordnung mit der gewünschten Konstanz arbeitet, läßt sich auch dadurch feststellen, daß man im Gleichstromkreis durch Einschaltung eines Transformators, dessen Sekundärwicklung an ein Dynamometer oder Telephon angeschlossen ist, die Schwankungen des zugeführten Stromes beobachtet.

## II. Die Erzeugung von Schwingungen in Funkenkreisen.

Wird eine Kapazität $C$ mit der maximalen Spannung $V$ in einer Sekunde $a$ mal aufgeladen, so berechnet sich die verfügbare Schwingungsenergie zu

$$A = a \cdot \frac{C \cdot V^2}{2}.$$

Eine Steigerung dieser Größe ist demnach in dreifacher Weise möglich:

a) durch Erhöhung der maximalen Ladespannung, d. h. Verlängerung der Funkenstrecke,

b) durch Vergrößerung der Kapazität $C$,

c) durch Vermehrung der sekundlichen Entladungszahl, was in letzter Linie auf eine Steigerung der primären Periodenzahl oder Spannung hinausläuft.

Sucht man nun nach den hier angedeuteten Verfahren zunächst in der Markonischaltung die Schwingungsenergie zu vermehren, so treten eine Reihe von Nebenerscheinungen auf, die den gewünschten Erfolg wieder in Frage stellen.

So vergrößert eine dauernde Verlängerung der Funkenstrecke zugleich die schädliche Dämpfung, hat vielfache Isolationsschwierigkeiten zur Folge und vermindert die Abstimmungsfähigkeit der Stationen. Eine Erhöhung der Antennenkapazität durch Vermehrung der parallel geschalteten Drähte ist praktisch nur in beschränktem Maße durchführbar, ohne daß damit ein außerordentlicher Fortschritt erzielt werden könnte. Die Steigerung der Entladungszahl findet in dem Inaktivwerden des Funkens eine obere Grenze, die wiederum ohne Zuhilfenahme besonderer Einrichtungen nicht überschritten werden darf.

Die Einführung des Braunschen Schwingungskreises, der als Energiesammler die Antenne speist, gab dann die Möglichkeit, die Strahlungsenergie wesentlich zu steigern. Jedoch bringt die Vereinigung eines offenen und geschlossenen Oszillators den Übelstand mit sich, daß bei zu enger Kopplung einmal zwei Wellen sich ausbilden, von denen nur je eine im Empfänger

zur Wirkung kommt, sodann wirkt die periodische Energie-
wanderung vom Schwingungskreis zur Antenne und von der
Antenne zum Schwingungskreis dämpfungsvermehrend. Im
anderen Falle ist, wenn bei loser Kopplung die Sendedrähte
eintönig schwingen, die Energieausnutzung geringer.

Diese Überlegungen führten nach den Veröffentlichungen
von Wien zu dem von der Gesellschaft Telefunken und anderen ausgebildeten Systemen des „tönenden Funkens", einer
Anordnung, bei welcher nach dem Vorbild der sympathischen
Pendel durch eine besondere Art der Funkenstrecke und entsprechende Wahl der elektrischen Konstanten des Schwingungskreises in dem Momente die Schwingungen im Energiekreise
abreißen, wo nach Verlauf der ersten halben Schwebungsperiode
die gesamte Energie auf die Antenne übertragen ist. Das Strahlsystem schwingt dann eintönig in der ihm zugehörigen Eigenschwingung. Die hierbei verwendete hohe Periodenzahl des
Wechselstromgenerators bewirkt ein rasches Aufeinanderfolgen
der Schwingungsgruppen, was auf der Empfangsstation den Ton
im Fernhörer hervorruft.

**2.** Messung des Wirkungsgrades einer funken-
telegraphischen Sendestation.

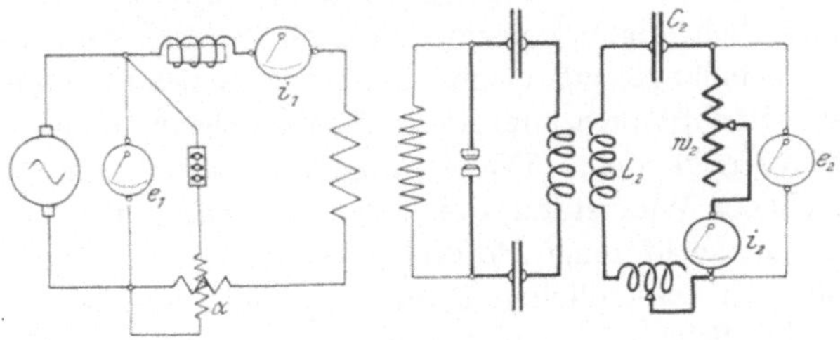

Fig. 44.

Bei diesen Versuchen wird die Antenne von bestimmter
Kapazität $C_2$ und bestimmter Gesamtselbstinduktion $L_2$ durch
einen äquivalenten Schwingungskreis ersetzt, der die gleiche
Dämpfung in seinem Ohmschen Widerstand $w_2$ besitzt, wie der
aus dem logarithmischen Dekrement der nützlichen Strahlung
berechnete Dämpfungswiderstand.

Sobald das Transformatorsystem mit der Periodenzahl
der Wechselstrommaschine in Resonanz arbeitet und die

Funken regelmäßig einsetzen, wird der Wirkungsgrad $\eta$ der gesamten Anordnung aus den Angaben der abgelesenen Instrumente berechnet nach der Formel:

$$\eta = \frac{e_2 \cdot i_2}{c \cdot a \cdot r} = \frac{i_2{}^2 \cdot w_2}{e_1 \cdot i_1 \cdot \cos\varphi_1},$$

wo        $c =$ Konstante des Wattmeters,

       $\varphi =$ Phasenwinkel zwischen $i_1$ und $e_1$

und die übrigen Bezeichnungen aus der Fig. 44 zu entnehmen sind.

Inwieweit die Angaben des Wattmeters hierbei zu korrigieren sind, muß durch eine besondere Untersuchung festgestellt werden.

Ist die Stromkurve des primären Wechselstromes stark verzerrt, so wird es vielfach zweckmäßig sein, die zugeführte Energie aus der erhöhten Stromaufnahme des geeichten Antriebmotors zu bestimmen.

Durch Veränderung der Funkenlänge, der Selbstinduktionen und Kapazitäten beider Kreise, sowie der Größe des Kopplungsfaktors läßt sich die Abhängigkeit des Wirkungsgrades von diesen Faktoren feststellen.

Während die Lichtbogengeneratoren im allgemeinen zwar konstante Schwingungsenergie, jedoch gewisse Schwankungen in der Wellenlänge aufweisen, bietet die Erzielung einer gleichförmigen Hochfrequenzenergie in Funkenschwingungskreisen gewisse Schwierigkeiten. Diese hängen in erster Linie mit dem veränderlichen Widerstand der Funkenstrecke selbst zusammen, der eine ungleichförmige Funkenfolge hervorruft. Die dauernde Kontrolle der sekundlichen Funkenzahl gibt demnach über den Verlauf des Schwingungszustandes ausreichende Anhaltspunkte.

### 3. Messung von Funkenzahlen.

a) mit der stroboskopischen Scheibe:

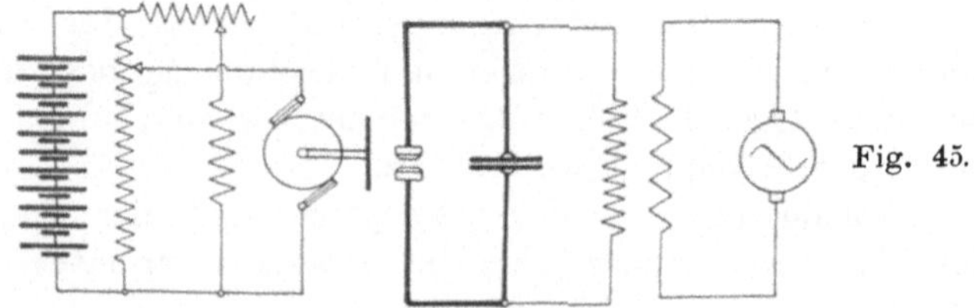

Fig. 45.

Die Tourenzahl der Scheibe wird derart eingestellt, daß die Sektoren still zu stehen scheinen. Bedeutet $n$ die Umdrehungszahl des Motors in der Minute, $s$ die Sektorenzahl, so ist die sekundliche Funkenzahl

$$z = \frac{n \cdot s}{60}.$$

b) mittels Geißlerscher Röhre:

Die angegebene Schaltung läßt sich noch dahin abändern, daß man durch den Schwingungsstrom ein rotierendes Geißler-Rohr zum Aufleuchten bringt. Die gesuchte Funkenzahl berechnet sich dann nach der gleichen Beziehung wie oben, wobei $s$ die Anzahl der leuchtenden Strahlen darstellt.

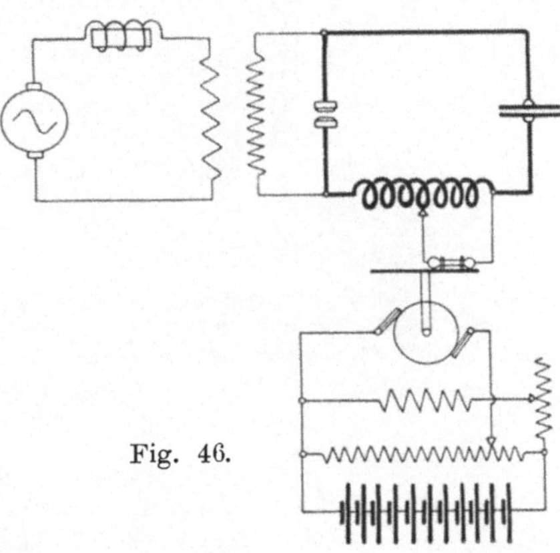

Fig. 46.

## III. Der Resonanztransformator.

Die Aufladung der Kapazität erfolgt in fast allen Fällen unter Verwendung einer Wechselstrommaschine, deren Spannung durch Zwischenschaltung eines Hochspannungstransformators hinauftransformiert wird. Der Transformator bildet somit das verkettende Zwischenglied zwischen dem Nieder- und Hochfrequenzkreise. Seine richtige Einfügung ist das wichtigste Erfordernis für die Erhaltung der Betriebssicherheit der Sendestation. Ihm fällt die Aufgabe zu, die Kapazität des Sekundärkreises mit hoher Spannung aufzuladen, ohne jedoch beim Einsetzen des Funkens, also des Entladevorganges, zu einer Lichtbogenbildung infolge des Kurzschlusses der Sekundärspule Veranlassung zu geben. Diese beiden Forderungen werden in eleganter Weise dadurch erfüllt, daß man bei gegebenem Transformator durch passende Wahl der Periodenzahl des Wechselstromgenerators, der primären und sekundären Selbstinduktion und der Belastungskapazität eine Resonanzerscheinung hervorruft.

Resonanztransformatoren.

Denn in letzter Linie läßt sich das gesamte System (I) auf die Hintereinanderschaltung einer Selbstinduktion und einer Kapazität (II) zurückführen, wobei die Resonanzlage durch den Maximalwert der Spannung an der Kapazität bestimmt ist.

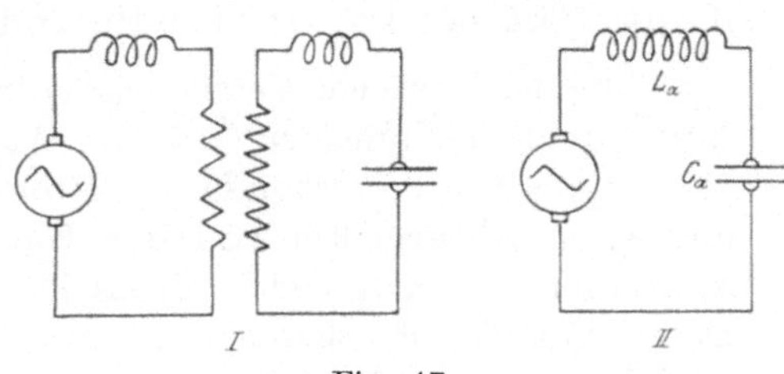

Fig. 47.

An Transformatoren sind vorhanden:

a) A-E-G-Resonanzinduktor

$$\nu = 50 \quad C_R = 15000 \text{ cm},$$

b) Resonanzinduktor von Telefunken

$$\nu = 50 \quad C_R = 100000 \text{ cm},$$

c) Resonanzinduktor von Boas

$$\nu = 600 \quad C_R = 8900,\ 35500,\ 142000,$$

je nach der Schaltung,

d) Hochspannungstransformatoren mit geschlossenem Eisenkern.

Je nach der Schaltung der Primär- und Sekundärspulen erfolgt die Umrechnung für andere Periodenzahlen oder Resonanzkapazitäten nach folgenden Gleichungen:

$\alpha$) konstante sekundäre Selbstinduktion $L_2$

$$C_R' : C_R'' \simeq \nu''^2 : \nu'^2,$$

$\beta$) konstante Periodenzahl der Maschine $\nu$

$$C_R' : C_R'' \simeq z''^2 : z'^2$$

$z =$ Windungszahl der Sekundärspule,

$\gamma$) konstante Belastungskapazität $C_R$

$$\nu' : \nu'' = z'' : z',$$

$\delta$) konstante Periodenzahl $\nu$

$$E'^2 : E''^2 = C_R'' : C_R'.$$

**4. Aufnahme der Resonanzkurven an einem eisengeschlossenen Transformator durch Veränderung der Kapazität bei konstanter Periodenzahl und Kopplung.**

Die nachstehende Versuchsanordnung (Fig. 48) gestattet die Aufnahmen der primären Größen: Watt $P_1$, Strom $i_1$ und Spannung $e_1$, sowie der sekundären Strom- und Spannungswerte $i_2$ und $e_2$ in Abhängigkeit von der Kapazität $C$. Sind außerdem aus einem Leerlauf- und Kurzschlußversuch die elektrischen Daten des Transformators und der Wechselstrommaschine ermittelt und sind die Selbstinduktion der Drosselspule und die Widerstände der Kreise bekannt, so vereinfacht sich das Stromschema bei Zurückführung der sekundären Größen auf die primären zu folgendem äquivalenten Bilde (Fig. 49), das sich weiterhin durch die Hintereinanderschaltung einer Selbstinduktion, einer Kapazität und eines Widerstandes darstellen läßt.

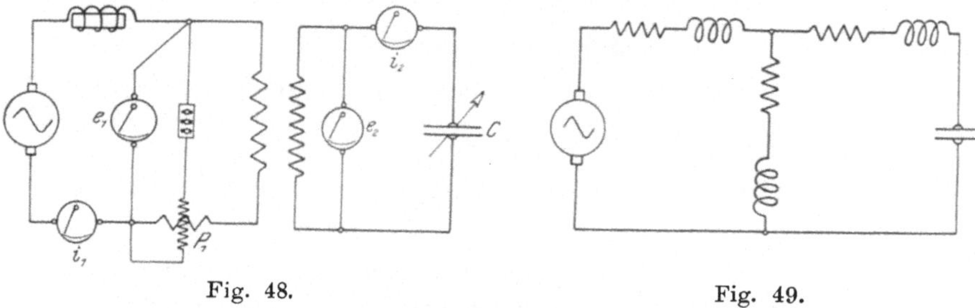

Fig. 48.　　　　　　　　　　　　Fig. 49.

Um die Arbeitsweise des Systems in der Resonanz- und in einer beliebigen anderen Lage im voraus zu berechnen, sind jetzt alle jene bekannten Gleichungen und Kreisdiagramme verwendbar, die aus der einfachen Reihenschaltung der hier in Frage kommenden Größen abgeleitet worden sind.

**5. Aufnahme der Resonanzkurven an einem Boas-Induktor durch Veränderung des Kopplungsgrades $k$ bei konstanter Periodenzahl $\nu$ und Kapazität $C$.**

Die Schaltung ist die gleiche wie bei dem vorhergehenden Versuch. Für eine bestimmte Einstellung der verschiebbaren Primärspulen besitzt die Spannung an der Kapazität $C$ ein Maximum. Bedeutet $L_2$ die Selbstinduktion der Sekundärspule (gemessen durch einen Leerlaufversuch von der Sekundärseite aus), so besteht im Resonanzfalle die Beziehung

$$\frac{1}{\nu} = 2\pi \cdot \sqrt{L_2' \cdot C} = 2\pi \cdot \sqrt{L_2 \cdot (1 - k^2)\, C}$$

$$k = \sqrt{\frac{L_2 - L_2'}{L_2}},$$

wobei $L_2'$ die wirksame Selbstinduktion darstellt.

Wird die Belastungskapazität geändert und durch jedesmalige Spulenverschiebung das Gesamtsystem von neuem in Resonanz gebracht, so zeigt sich, daß der Kopplungsfaktor $k$ einen günstigsten Wert besitzt, der durch die größte eintretende Kondensatorspannung erkennbar ist. Die graphische Darstellung der Versuchsergebnisse führt zu der Kurve:

$$e_C = f(k).$$

Außer durch die Veränderung der gegenseitigen Lage der Primär- und Sekundärspulen kann die Kopplung noch verändert werden:

a) durch Vorschaltung einer Selbstinduktionsspule oder eines Widerstandes vor die Primärwicklung des Transformators,

b) durch passende Wahl einer Wechselstrommaschine mit größerer oder kleinerer Selbstinduktion,

c) durch Parallelschaltung einer Selbstinduktionsspule oder eines Widerstandes zur Primärspule des Induktors,

d) durch Einschaltung einer Selbstinduktionsspule in den Sekundärkreis.

**6. Aufnahme der Resonanzkurven an einem A.-E.-G.-Resonanz-Transformator durch Veränderung der Periodenzahl bei konstanter Kapazität und Kopplung.**

Graphische Darstellung der in obenstehender Versuchsanordnung gemessenen Größen in Abhängigkeit von der Periodenzahl.

Die diesen Versuchen zugrunde liegenden, mit Wechselstrom erzeugten Resonanzeffekte lassen sich in gleicher Weise mit Gleichstrom unter Verwendung von Unterbrechern erzielen, von denen der Hammerunterbrecher, der Turbinenunterbrecher und der elektrolytische Unterbrecher die gebräuchlichsten sind.

Von diesen besitzt der Wehnelt-Unterbrecher besonderes Interesse.

### 7. Messung hoher Wechselspannungen.

Die Untersuchung von Hochspannungstransformatoren und Funkenstrecken erfordert die Messung derartig hoher Spannungen, daß Elektrometer, Dynamometer und Hitzdrahtinstrumente nicht direkt verwendet werden können.

Die folgende Schaltung ist geeignet, diese Lücken auszufüllen.

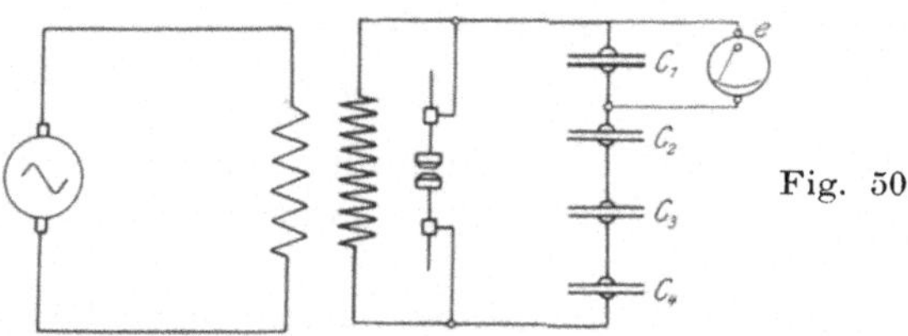

Fig. 50.

Setzt man:

$$\text{Sekundärspannung} = \frac{1}{\sqrt{2}} \times \text{Funkenspannung} = E.$$

so wird:

$$E = e \cdot \frac{C_1}{C_c}$$

wo:

$$\frac{1}{C_c} = \frac{1}{C_1} + \frac{1}{C_2} + \frac{1}{C_3} + \cdots$$

### 8. Messung des Wirkungsgrades und der Unterbrechungszahl des Wehnelt-Unterbrechers.

Vom betriebstechnischen Standpunkt umfassen die Untersuchungen am elektrolytischen Unterbrecher die Bestimmung

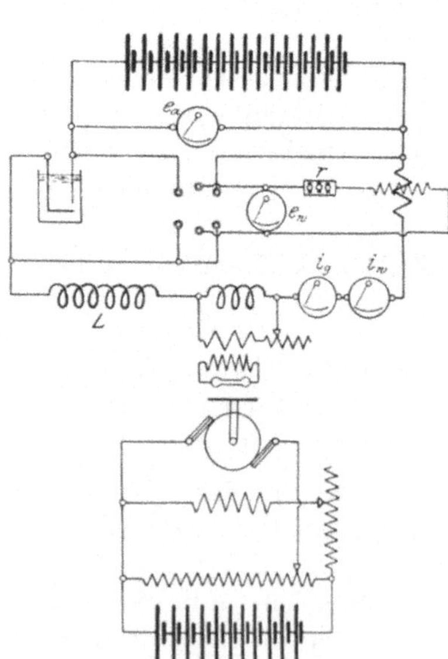

Fig. 51.

Unterbrecher und Funkenstrecken.

des Wirkungsgrades und die Feststellung der Unterbrechungszahl in Abhängigkeit von der Klemmenspannung $e_g$, der Selbstinduktion $L$ und dem Widerstande des Stromkreises, ferner
von der Oberfläche der aktiven Elektrode, der Säuredichte
und der Säuretemperatur. Der Wirkungsgrad ermittelt sich
aus den Wattmeterausschlägen, wobei allerdings zu berücksichtigen ist, daß die Werte nur angenähert richtig sein können.
Die Unterbrechungszahl wird in einer der Funkenzählungs-
methode nachgebildeten Anordnung gemessen.

## F. Die Empfänger und ihre Schaltungen.

Die überaus große Zahl der in der Hochfrequenztechnik
verwendeten Apparate zur Kenntlichmachung der in einem
Resonator hervorgerufenen Schwingung, angefangen beim Hertz-
schen Funkenmikrometer bis zu den neuesten Konstruktionen
der Thermodetektoren, macht ein Eingehen auf die Einteilungs-
möglichkeiten notwendig. Die zunächst sich aufdrängende physi-
kalische Anordnung nach den der Indikatorwirkung zugrunde
liegenden Gesetzen kann im vorliegenden Fall nicht als zweckmäßig erachtet werden, da hiermit keine Rücksicht auf die
praktischen Bedürfnisse genommen wird; vielmehr muß man
sich mit einer allerdings etwas flüssigen Einteilung begnügen,
nämlich in Empfänger, die

I. vorzugsweise in der reinen Meßtechnik verwendet
werden und

II. zur drahtlosen Nachrichtenübermittlung auf große
Entfernungen geeignet sind, also die nötige Empfindlichkeit besitzen.

Eine absolut scharfe Grenze zwischen beiden Typen läßt
sich nicht ziehen, da die Vertreter der ersten durch die Ver-
vollkommnung der Technik gegebenenfalls zu denen der zweiten
Gruppe übertreten. Wichtig ist jedoch diese Einteilung insofern,
als die meßtechnische Behandlung beider Arten von verschiedenen Gesichtspunkten ausgehen muß.

Als Vertreter der Gruppe I sind zu nennen:

1. Hitzdrahtinstrumente (Strommesser, Spannungsmesser,
Wattzeiger),
2. Elektrometer,

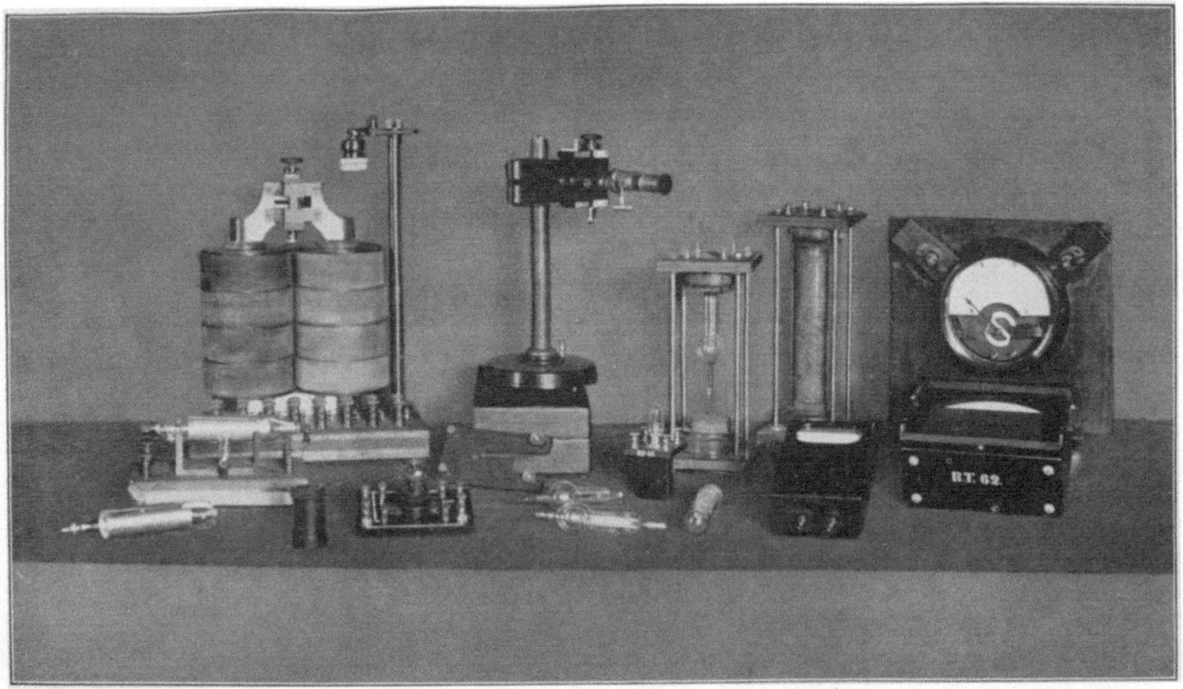

Indikatoren der Hochfrequenzmeßtechnik.

Empfangsapparate.

3. Thermoelemente (Thermogalvanometer),

4. Bolometer (Baretter).

Diese Apparate können zugleich als quantitative Meßapparate Verwendung finden, was von den folgenden nicht gilt:

5. Ventilröhre (Wehneltröhre),

6. Evakuierte Röhre (Geißler-Rohr, Helium-Röhre),

7. Metallfadenglühlampe,

8. Funkenmikrometer.

## 1. Eichung von Hitzdrahtinstrumenten mit Hochfrequenz.

Da Hitzdrahtinstrumente, die weder einen parallel (Strommesser) noch einen vorgeschalteten (Spannungsmesser) Widerstand besitzen, bei Gleich- und Hochfrequenzstrom praktisch
die gleichen Resultate ergeben, kann man ihre Eichung nach
den allgemein üblichen Verfahren vornehmen.

Für Hitzdrahtinstrumente mit Nebenschluß wählt man
zweckmäßig die folgende Schaltung:

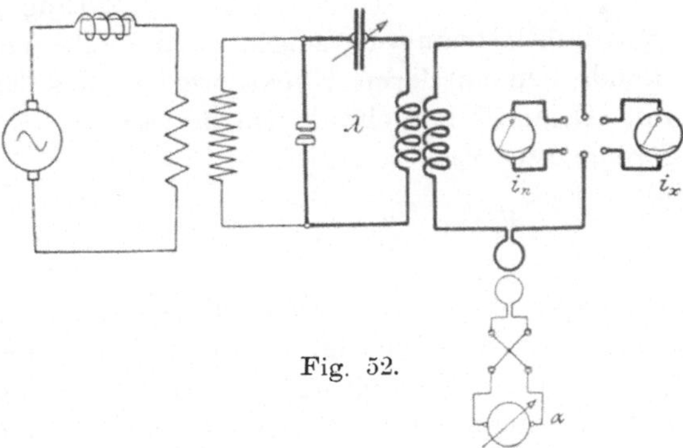

Fig. 52.

Wenn bei Einschaltung des Strommessers ohne Nebenschluß der im induzierten Kreise fließende Strom $i_n$ und der
Ausschlag am Galvanometer des Thermoelementes $\alpha_n$ ist,
so gilt:

$$c = \frac{i_n}{\sqrt{\alpha_n}}.$$

Wird nunmehr das zu eichende Instrument in den Kreis eingefügt, so bestimmt sich die Stromstärke $i_x$ aus

$$i_x = i_n \sqrt{\frac{\alpha_x}{\alpha_n}}.$$

Durch Änderung der Kopplung beider Kreise läßt sich die Eichung für den ganzen Meßbereich durchführen und die Fehlerkurve für die betreffende Wellenlänge aufstellen.

Nach der indirekten Methode kann man die Eichung in der folgenden Schaltung ausführen. Hierbei wird:

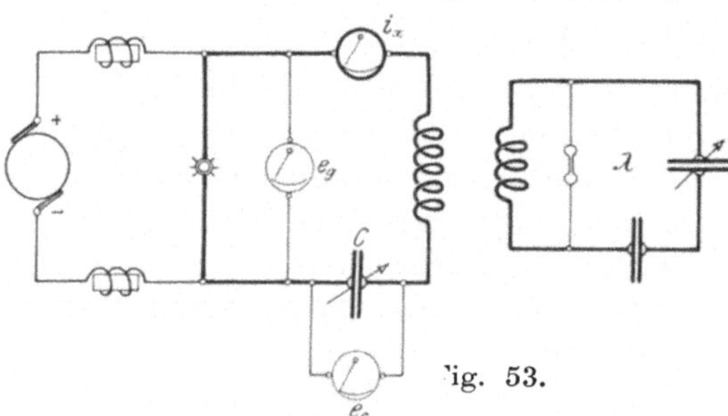

Fig. 53.

$$i_x = \frac{2\,\pi}{30}\,\frac{C^{cm}\,e_w}{\lambda^{cm}}.$$

Hitzdrahtspannungsmesser werden durch direkte Vergleichung mit Elektrometern in irgend einer Hochfrequenzschaltung geeicht.

Die Hitzdrahtinstrumente zeigen bei $a$ Funkenentladungen in der Sekunde den mittleren Effektivwert $i_{eff}$ des Entladungsstromes an. Demnach berechnet sich der Wattverlust in einem solchen Strommesser zu

$$V = a \cdot \frac{i_0{}^2}{4\,\delta}\,w_H = i_H{}^2 \cdot w_H.$$

Hierbei bedeuten $i_0$ die Maximalamplitude des Stromes beim Einsetzen der Schwingung, $w_H$ den Widerstand des Instrumentes und $\delta$ den Dämpfungsfaktor des gesamten Schwingungskreises. Letzterer kann aus dem gesamten Widerstande $w_s$ und dem Selbstinduktionskoeffizienten $L_s$ mittels der Formel

$$\delta = \frac{w_s}{2\,L_s}$$

berechnet werden.

Für zwei Schwingungszustände lassen sich demnach folgende Beziehungen aufstellen:

a) bei gleicher Wechsel- und Entladungszahl

$$\frac{i_1{}^2{}_{eff}}{i_2{}^2{}_{eff}} = \frac{i_{01}{}^2 \cdot \delta_2}{i_{02}{}^2 \cdot \delta_1},$$

b) bei Amplitudengleichheit und gleicher Wechsel- und Entladungszahl

$$\frac{i_1{}^2{}_{eff}}{i_2{}^2{}_{eff}} = \frac{\delta_2}{\delta_1},$$

c) bei gleicher Dämpfung, Schwingungs- und Entladungszahl

$$\frac{i_{01}}{i_{02}} = \frac{i_{1\,eff}}{i_{2\,eff}}.$$

## 2. Eichung eines Elektrometers.

Elektrometer, die nach bekanntem Verfahren mit Gleichstrom geeicht sind, ergeben in der Hochfrequenztechnik nur dann einwandfreie Werte, wenn die Kapazität und Selbstinduktion der Zuleitungen nicht in Frage kommen. Bei Instrumenten mit Spiegelablesung ist diese Bedingung meist nicht erfüllt.

## 3. Eichung eines Thermoelementes.
### (Peltier-Kreuz.)

Die in einem Thermoelement durch den äußeren Gleichstrom $J$ erzeugte elektromotorische Kraft ist die Folge zweier Erscheinungen: des Peltier-Effektes und der Jouleschen Wirkung.

Der erstere erzeugt einen Thermostrom, der proportional dem äußeren Strom $J$ ist und seine Richtung mit ihm ändert, also bei Verwendung von Wechselstrom nicht in die Erscheinung treten kann. Der Joulesche Effekt ruft eine elektromotorische Kraft hervor, die unabhängig von der Polarität dem Quadrate des Stromes $J$ proportional ist. Es entsteht daher je nach der Stromrichtung des Erregerstromes ein Thermostrom $i_1$ oder $i_2$, und es wird:

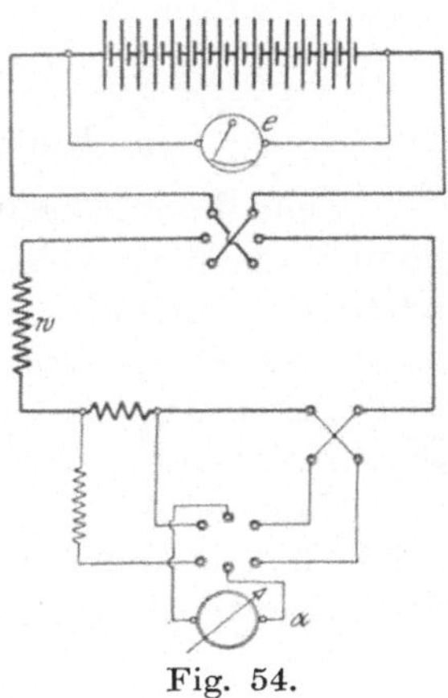

Fig. 54.

$$i_1 = A \cdot J^2 + B \cdot J = c_g \cdot \alpha_1$$
$$i_2 = A \cdot J^2 - B \cdot J = c_g \cdot \alpha_2$$

Setzt man:
$$\frac{\alpha_1 + \alpha_2}{2} = \alpha,$$

so wird die Konstante des Thermoelementes:

$$C_T = \frac{e}{w\sqrt{\alpha}}.$$

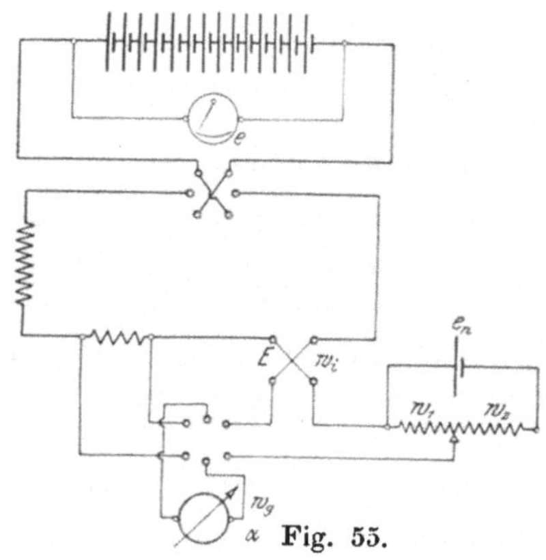

Fig. 55.

Die nebenstehende Kompensationsschaltung gestattet die Messung der elektromotorischen Kraft des Thermoelementes $E$ sowie seines inneren Widerstandes $w_i$:

$$w_i = \frac{E - i \cdot w_g}{i},$$

$$E = e_n \cdot \frac{w_1}{w_1 + w_2}.$$

Die Eichung des Thermogalvanometers kann nach denselben Gesichtspunkten erfolgen.

## 4. Eichung eines Bolometers.

Beim Baretterempfang wird die Eigenschaft dünner Drähte, ihren Widerstand unter dem Einfluß des Stromes zu verändern, nutzbar gemacht. Um direkt eine Beziehung zwischen der erregenden Stromstärke und der Größe der Widerstandsänderung zu erhalten, fügt man den Apparat in die folgende Wheatstonesche Brückenschaltung ein (Fig. 56).

Nach erfolgter Abgleichung der Brücke ist beim Auftreffen der Wellen der Galvanometerausschlag proportional dem Quadrate des Schwingungsstromes, d. h.:

$$i_w^2 = c_B \cdot \alpha_B.$$

Für einen bestimmten Gleichstrom, der experimentell auszumitteln ist, besitzt die Anordnung eine größte Empfindlichkeit.

Die Berechnung der Konstante $C_B$ der Anordnung wird unter Verwendung eines geeichten Thermoelementes in der beistehenden Stationsprüferschaltung vorgenommen.

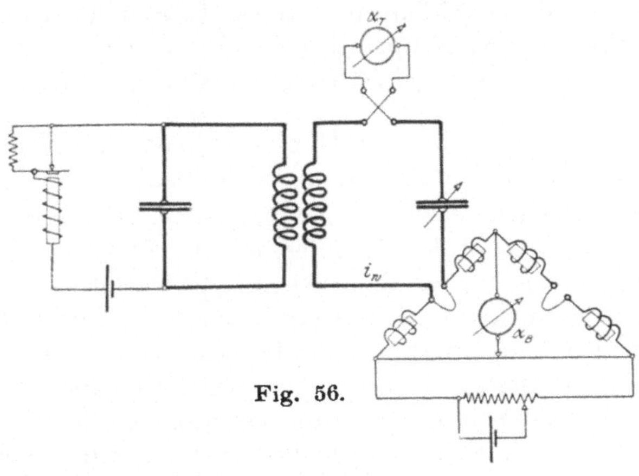

Fig. 56.

Hierbei ist:

$$i_w{}^2 = c_T \cdot \alpha_T = e_B \cdot \alpha_B$$

$$c_B = e_T \cdot \frac{\alpha_T}{\alpha_B}.$$

Direkt zeigende Galvanometer mit verhältnismäßig kleinem Meßbereich können in untenstehender Kompensationsschaltung Verwendung finden, die den Ausschlag des Instrumentes stets wieder in die Nullstellung zurückzubringen erlaubt.

Die Aufnahme der Eichkurve des Barettermeßsatzes $i_w{}^2 = f(\alpha_B)$ erfolgt nach der oben angegebenen Versuchsanordnung.

Zu den Indikatoren, die nur für qualitative Messungen Verwendung finden können, gehören die Ventil-Röhre, die Geißler-Röhre, die Metallfadenlampe und für moderne Ansprüche auch das Funkenmikrometer. Besonders zur Feststellung der Resonanzlage eines schwingungsfähigen Systems haben sie eine

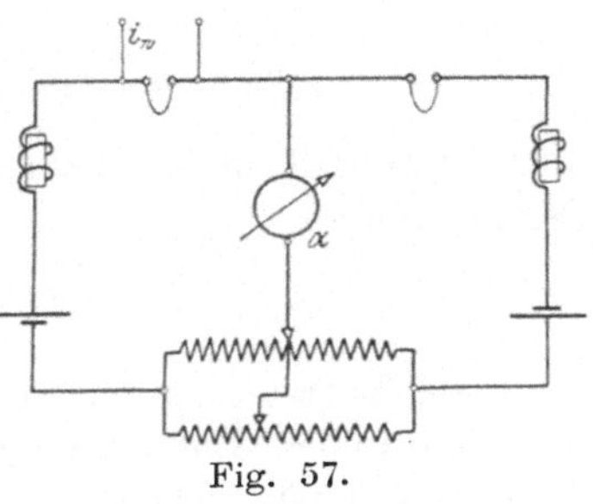

Fig. 57.

weite Verbreitung gefunden. Vom meßtechnischen Standpunkte bildet die Untersuchung ihrer Empfindlichkeit, d. h. der Grenzspannung oder des Grenzstromes, bei der sie eben anzusprechen beginnen, neben der Dämpfung, die sie in das Schwingungssystem hineinbringen, das Hauptinteresse. Die letztere Aufgabe findet in dem Abschnitt über Dämpfungsmessungen ihre Erledigung.

## 5. Messung der Empfindlichkeit von Telephonen mit der Wehnelt-Röhre.

Die Empfindlichkeit eines Telephons ist bestimmt durch den kleinsten Wert des Stromes, der den Hörer bei konstanter Wechselzahl noch eben zum Ansprechen veranlaßt.

Die nachfolgende Schaltung gestattet, mehrere Telephone hinsichtlich ihrer Stromempfindlichkeit miteinander zu vergleichen, dadurch daß man bei gleicher Frequenz und konstanter Stromstärke $i_g$ den zum Telephon parallel geschalteten Widerstand $w$ so lange ändert, bis ein Verschwinden des Tones eintritt.

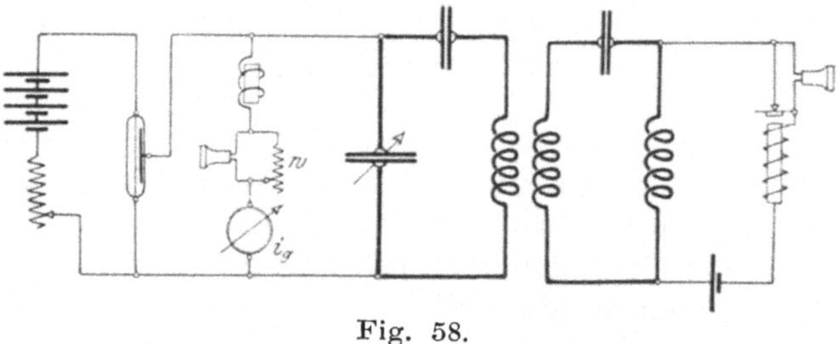

Fig. 58.

Bedeutet $w_T$ den Telephonwiderstand und stellt $\dfrac{w_T}{w} = \alpha$ den Empfindlichkeitsfaktor vor, so ergibt sich der Strom im Fernhörer zu

$$i_T = \frac{1}{1 + \alpha}\, i_g.$$

Bei Verwendung eines Funkenerregerkreises und Veränderung der Zahl der Entladungen läßt sich die Abhängigkeit der Telephonempfindlichkeit von der Entladungszahl bestimmen.

Die oben beschriebene Methode, die Stromempfindlichkeit von Telephonen durch Parallelschaltung von Widerständen zu ermitteln, welche sich auch zur Aufnahme von Resonanzkurven eignet, kann insofern noch eine Abänderung erfahren, als man den Hörer in den Sekundärkreis eines Transformators schaltet, dessen Spulenabstand veränderlich ist. Bei gleichen Widerständen im Sekundärkreis ist dann die Spulenentfernung $a$ ein Maß für die Telephonempfindlichkeit.

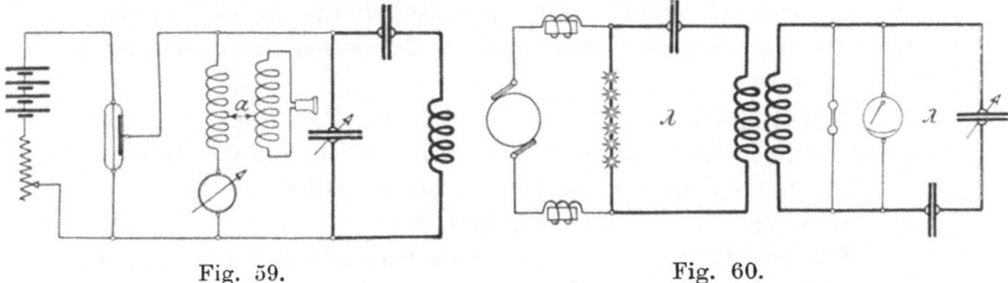

Fig. 59.                    Fig. 60.

## 6. Messung der kritischen Spannung eines Helium-Röhrchens.

Die Kopplung des auf den Erregerkreis abgestimmten Wellenmessers wird so lange geändert, bis die Röhre eben zu leuchten beginnt. Die dabei auftretende Spannung wird am Elektrometer abgelesen, wobei jedoch berücksichtigt werden muß, daß die Röhre auf die Maximalspannung anspricht, während der Spannungsmesser Effektivwerte anzeigt. Die Schaltung bietet die Möglichkeit eine Reihe von Röhren miteinander auf ihre Empfindlichkeit hin zu vergleichen.

Die Vertreter der Gruppe II (Seite 66), die in der radiotelegraphischen Praxis verwendeten Empfänger, lassen sich sondern in Detektoren, die wie ein in labilem Zustande befindliches Relais wirken, d. h. vorzugsweise auf den Maximalwert der ankommenden Schwingung ansprechen, und Detektoren, die auf den Integralwert der Schwingungsenergie reagieren. Danach ergibt sich folgende Einteilung:

a) Momentandetektoren.
    1. Fritter (Mikrophon-Kohärer),
    2. Magnetdetektor.
b) Integraldetektoren.
    1. Elektrolytische Zelle.
    2. Thermodetektor.

Diese Einteilung kann jedoch nicht den Anspruch erheben, vollkommen das Wesen des betreffenden Empfängers zu kennzeichnen, da die Wirkung der meisten Indikatoren auf einer Reihe von Einzelerscheinungen beruht, die je nach dem Material und dem Aufbau des Detektors mehr oder weniger entwickelt sind. Die oben angeführte Einteilung kann deshalb nur die hervorstechendste Eigenschaft des Apparates kennzeichnen.

Bevor jedoch auf den Aufbau der Empfangsschaltungen eingegangen werden kann, müssen die Gesichtspunkte festgelegt werden, nach denen die Einfügung der verschiedenen Detektoren in den Empfängerkreis zu erfolgen hat.

Da der Fritter einer gewissen Hochfrequenzspannung bedarf, um für den Gleichstrom des Relais-Kreises leitend zu werden, muß seine Einschaltung in das Empfangssystem derart erfolgen, daß die Spannungsamplitude der Schwingung an seinen Elektroden einen möglichst hohen Wert erreicht. Diese Forderung wird verwirklicht, wenn der Empfänger in ein Sekundärsystem eingefügt wird, in dem sich im Resonanzfalle durch passende Abmessung der Selbstinduktion und Kapazität die Spannung bis zu der gewünschten Größe in die Höhe pendelt. Und zwar wird diese Erscheinung um so besser ausgeprägt, je kleiner die Dämpfungsursachen im Primär- und Sekundärsystem sind. Gleichzeitig läßt sich für die Kopplung beider Kreise ein günstigster Wert feststellen.

Ähnlich liegen die Verhältnisse bei dem Magnetdetektor, der beim Auftreffen von Schwingungen eine sprungweise Änderung seiner magnetischen Induktion erfährt, was sich im Telephon als knackendes Geräusch äußert. Da hier die entmagnetisierende Amperewindungszahl die Auslösung hervorruft, wird der Apparat zweckmäßig direkt in die Antenne geschaltet, wobei jedoch in jedem einzelnen Falle die Anordnung daraufhin zu untersuchen ist, ob nicht seine Eigendämpfung die entstehende Schwingung schädlich beeinflußt. In diesem Falle ist eine induktive Schaltung zu wählen. Durch richtige Einstellung der Kopplung sind die günstigsten Verhältnisse zu ermitteln.

Alle diejenigen Indikatoren, welche man unter dem Sammelnamen Energiedetektoren vereinigen kann, werden dann am stärksten ansprechen, wenn ihnen ein Maximum von Energie zugeführt wird. Da nun der Detektor selbst die Größe der Energieaufnahme der Antenne beeinflußt, muß die Schaltung derartig entworfen werden, daß die im Empfangssystem vernichtete Energie gleich der von der Antenne wieder ausgestrahlten ist. Die Kenntnis der Strahlungsdämpfung ermöglicht hierbei die Berechnung des günstigsten Nutzwiderstandes, den das Empfangssystem besitzen muß. Ist nun der Widerstand des Detektors von der gleichen Größe, so wird man ihn zweckmäßig, wenn es nur darauf ankommt, die empfindlichste Anordnung zu wählen, direkt in die Antenne einfügen. Ist der Widerstand jedoch erheblich größer, so ordnet man den Empfänger in einem Sekundärkreise an, wobei zwei Möglichkeiten vorliegen, welche die folgenden beiden Schaltungen erläutern.

Im ersten Fall verläuft der Strom im Detektorkreis aperiodisch, im zweiten oszillatorisch. Je nach dem gewünschten Zwecke ist die eine oder andere Schaltung am Platze, wobei jedoch in jedem einzelnen Falle darauf zu achten ist, daß die Dämpfung durch den Detektor keine den Schwingungsvorgang schädigende Werte annimmt. Besondere Betriebsbedingungen, wie sie z. B. der militärische Nachrichtendienst mit sich bringen kann, fallen außerhalb dieser Überlegungen.

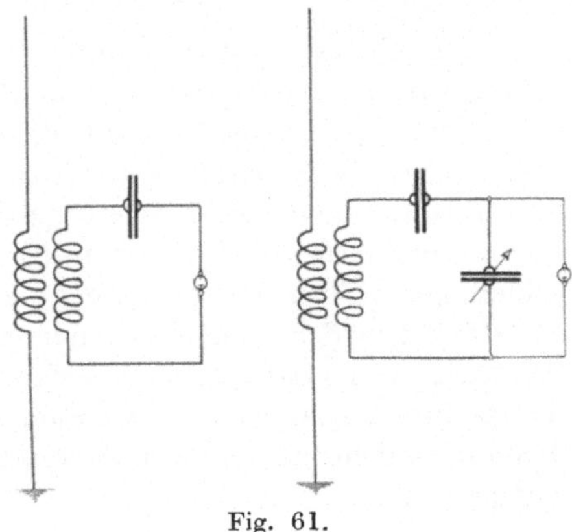

Fig. 61.

Was die Untersuchung der Empfänger im einzelnen anbelangt, so sind zunächst die Gesichtspunkte zu erörtern, nach denen ihre praktische Brauchbarkeit zu beurteilen ist. Und zwar empfiehlt sich hier folgende Einteilung:

a) nach der Empfindlichkeit (Dämpfung und Abstimmfähigkeit);

b) nach der Betriebssicherheit des Detektors und seiner Hilfsapparate.

Dazu kommen noch eine Reihe anderer betriebstechnischer Fragen: ob der Detektor für Hör- oder Schreibempfang brauchbar ist; wie weit eine Steigerung der Telegraphiergeschwindigkeit zulässig erscheint und ob die Möglichkeit der Einrichtung eines automatischen Anrufes vorliegt.

Die nachfolgenden Versuchsanordnungen für die verschiedenen Empfänger sollen die Grundlage für die Durchführung der Versuche nach den soeben allgemein erörterten Gesichtspunkten geben. Nicht berücksichtigt wurde hierbei die Messung des logarithmischen Dämpfungsdekrements der Detektoren, da diese schon in einem der vorhergehenden Abschnitte im Zusammenhang behandelt worden ist.

## 7. Fritterprüfung.

Der Fritter stellt im unbestrahlten Zustande eine kleine Kapazität dar, welche sich beim Auftreffen von Schwingungen in einen Ohmschen Widerstand verwandelt. Seine Empfindlichkeit richtet sich nach dem Abstande, der Form und dem Material sowohl der Elektroden wie des eigentlichen Frittpulvers. Eine vergleichende Untersuchung der Empfindlichkeit verschiedener Fritter erfolgt zweckmäßig unter Verwendung des vollständigen Sekundärkreises der Empfangsstation, indem der Abstand vom Oszillator so lange vergrößert wird, bis eine Verstellung von einigen Graden am Drehkondensator das Hinaufpendeln auf den zum Ansprechen nötigen Spannungswert verhindert.

## 8. Untersuchung des Magnetdetektors.

Bei einem vorliegenden Magnetdetektor handelt es sich um die Messung seines Dämpfungsdekrementes und seiner Empfindlichkeit in Abhängigkeit von der Einstellung der permanenten Magnete und der Umlaufsgeschwindigkeit des Stahldrahtes. Während der erste Versuch schon in dem Abschnitt über Dämpfungsmessungen seine Erledigung gefunden hat, läßt sich die zweite Aufgabe lösen unter sinngemäßer Berücksichtigung der Schaltung, die zur Bestimmung von Telephonempfindlichkeiten angegeben wurde.

Apparate für Schreibempfang.

## 9. Untersuchung eines elektrolytischen Detektors.

Die Wirkung eines mit einer Hilfsspannung erregten Detektors beruht auf einer bei Wellenbestrahlung auftretenden Depolarisationserscheinung, die ein Anwachsen des primären Gleichstroms zur Folge hat. Schon aus der Charakteristik des Detektors vor und während der Bestrahlung lassen sich hinsichtlich seiner Empfindlichkeit brauchbare Schlüsse ziehen. Dabei ist jedoch zu beachten, daß die Charakteristik eines und desselben Apparates abhängig ist von folgenden Nebenumständen:

a) ob der Detektor vor dem Versuch unter Spannung gestanden hat und wie lange,

b) ob eine längere Wellenbestrahlung vorausgegangen ist.

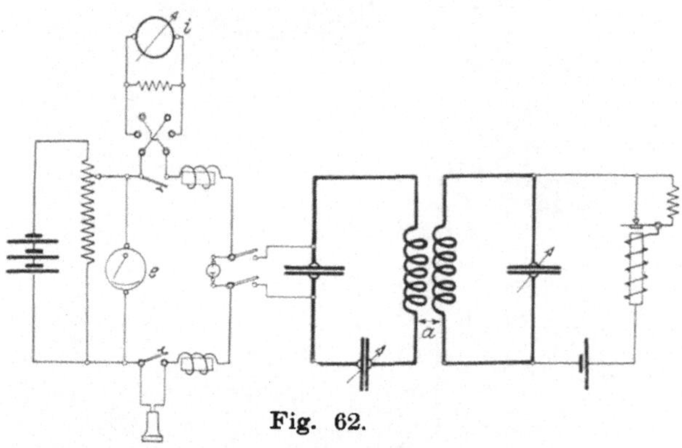

Fig. 62.

Obenstehende Schaltung gestattet die Aufnahme folgender Beziehungen:

a) $e = f(i)$ ohne Wellenbestrahlung,

b) $e = f(i')$ mit Wellenbestrahlung,

c) $e = f(i' - i)$,

e) $e = \dfrac{i' - i}{i'} \, 100\,^0/_0$.

Eine vergleichende Untersuchung mehrerer Detektoren hinsichtlich ihrer Empfindlichkeit wird in der angegebenen Versuchsanordnung derart vorgenommen, daß man durch Veränderung des Abstandes $a$ der Kopplungsspulen die Entfernung sucht, bei der das Telephon eben noch anspricht.

Da die elektrolytische Zelle innerhalb der Empfangsstation häufig zur Messung der ankommenden Wellen verwendet wird, indem man die elektrischen Größen der Antenne und des Schwingungs- kreises so lange ändert, bis größte Tonstärke im Telephon erzielt ist, wird ein Eingehen auf die für diesen Zweck richtige Schaltung nötig, Überlegungen, welche auch für die anderen Empfängerkonstruktionen

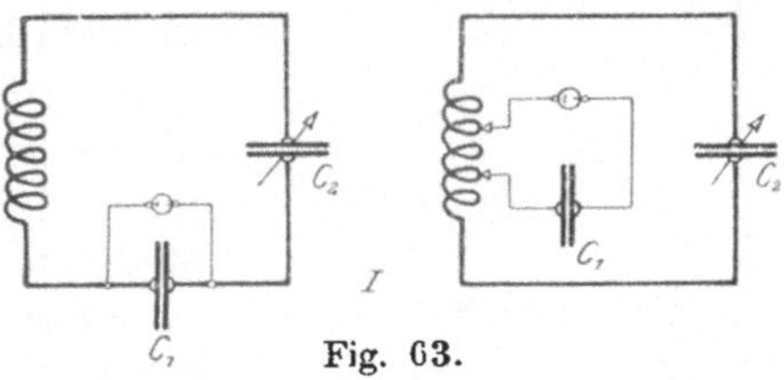

Fig. 63.

sinngemäß gelten. Die Einfügung eines Detektors in den Sekundärkreis einer Empfangsstation kann in dreifacher Weise erfolgen (Fig. 63), wobei $C_1$ eine große konstante Kapazität (Blockkondensator) und $C_2$ einen veränder- lichen Luftkondensator darstellen.

Da in der Schaltung I die Zelle den Schwingungsvorgang in außerordentlicher geringfügiger Weise dämpft, ist somit eine scharfe und der wirk- lichen Wellenlänge ent- sprechende Einstellung möglich, allerdings auf Kosten der Empfind- lichkeit der Anordnung. In der Schaltung II (Fig. 64) ist das Dekre- ment schon erheblich

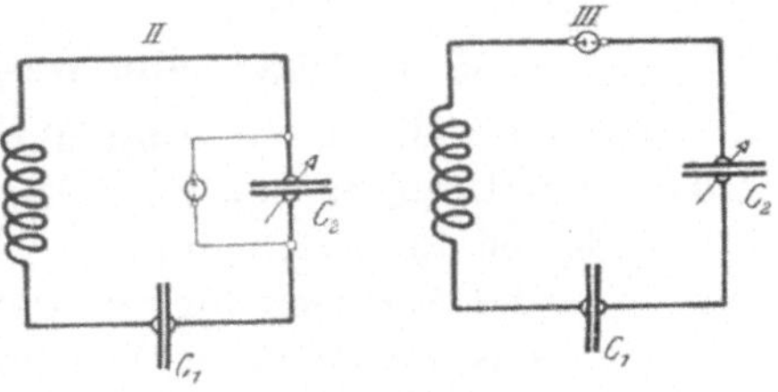

Fig. 64.

größer, so daß die größte Tonstärke nicht mit der richtigen Abstimmung zusammenfällt. Die vorgenommene Einstellung ist somit als Wellenmesserschaltung meist unbrauchbar. In der Schaltung III, welche den anderen Grenzfall verwirklicht, ver- läuft der Stromfluß aperiodisch und der Detektor bildet die sekundäre Belastung des Empfangstransformators.

Die elektrolytische Zelle ist, sofern größere Spannungen von ihr ferngehalten werden, ein außerordentlich betriebs- sicherer und zuverlässiger Apparat, der nur den Nachteil hat, daß er eine Hilfsbatterie benötigt.

### 10. Untersuchung eines Tikkers.

Ungedämpfte Wellen können mit den seither erwähnten Detektoren mittelst Hörer nur aufgenommen werden, nachdem in die Empfangsschaltungen ein Unterbrecher eingeschaltet ist, der die Wellenfolge „zerhackt". Eine weit größere Empfindlichkeit, als die Anordnungen, die hierdurch erhalten werden, besitzt die nebenstehende Tikkerschaltung.

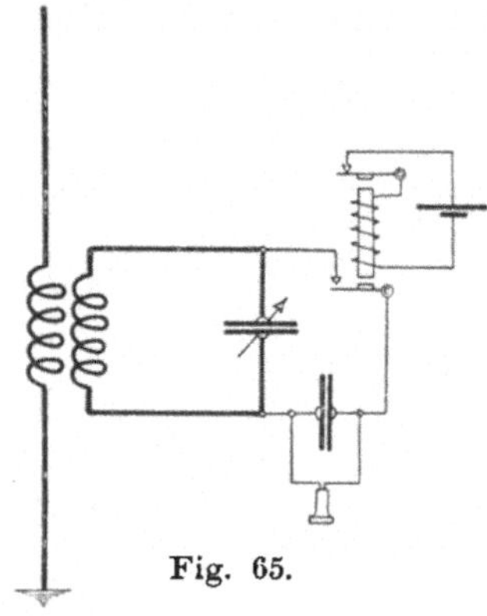

Fig. 65.

Die Untersuchung des Tikkers erstreckt sich auf die Bestimmung der Größe der Kapazität, an der das Telephon liegt, und die Einstellung der Unterbrechungsvorrichtung, die beide so zu wählen sind, daß die größte Empfindlichkeit sich ergibt.

## G. Der Aufbau der Sende- und Empfangsstation.

### I. Allgemeine Gesichtspunkte.

Um über die Leistungsfähigkeit einer radiotelegraphischen Anlage ein Urteil zu gewinnen, ist

1. die Reichweite und
2. die Abstimmfähigkeit der Stationen festzustellen und das einwandfreie Arbeiten der Apparate unter den verschiedensten Betriebsbedingungen zu beobachten.

### 1. Die Reichweite.

Da bei einer vorliegenden Anlage der Zustand der Atmosphäre die Reichweite außerordentlich beeinflußt, muß bei der Abmessung des Umfanges der Stationen mit einem Sicherheitsfaktor gerechnet werden, der aus der praktischen Erfahrung gewonnen wird. Hierbei ist jedoch zu beachten, daß die absolute Größe der primär ausgestrahlten Schwingungsenergie noch kein Maß für die erreichbare Fernwirkung darstellt, da diese nur im Zusammenhang mit der Art des verwendeten Empfängers beurteilt werden kann. Eine Empfangsstation mit Fritterausrüstung darf daher nicht in Parallele gestellt werden zu einer solchen, bei der der Zeichenempfang mit dem Thermodetektor erfolgt. In diesem Falle hängt der Umfang des Wirkungsbereiches der Sendestation

    a) von der verwendeten Wellenlänge und

    b) von der Größe der Stromamplitude sowie der Stromverteilung in der Antenne (Strahlungsfähigkeit) ab.

Eine allgemein gültige Regel für die vorteilhafteste Wahl der Schwingungsfrequenz läßt sich jedoch nicht aufstellen, da nicht nur die besonderen Einrichtungen der Sende- und Empfangsstation und ihre nähere Umgebung hier in Frage kommen, sondern auch der Einfluß des Zwischengeländes und der atmosphärischen Einwirkungen berücksichtigt werden müssen. Aus der Erfahrung hat sich ergeben, daß die Verwendung einer längeren Welle trotz der geringeren Strahlungsenergie der Sendestation sowohl wegen des kleineren Absorptionsverlustes als auch im Hinblick auf ihre Wirksamkeit in der Empfangsstation vorteilhaft erscheint.

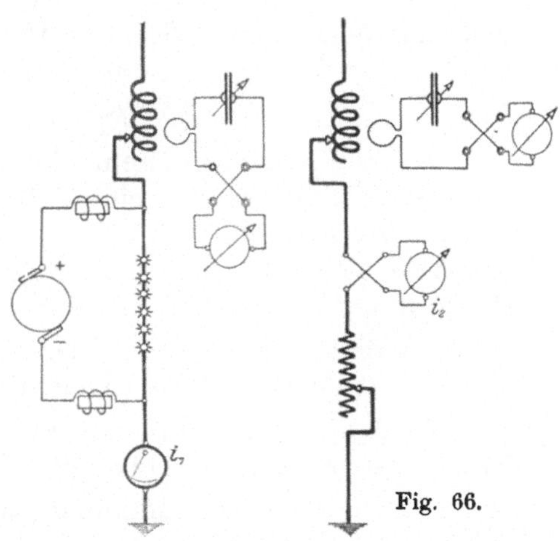

Fig. 66.

Die nachfolgende Aufgabe, welche die Bestimmung des Wirkungsgrades einer radiotelegraphischen Anlage zum Ziel hat, kann gleichzeitig über diesen Punkt Aufklärung schaffen, indem bei gleicher Sendeenergie die Effektaufnahme im Empfangssystem in Abhängigkeit von der Wellenlänge gemessen wird.

Faßt man das in Fig. 66 dargestellte Sendesystem als quasistationären Stromkreis auf, dessen Dekrement $\mathfrak{d}_s$ bei der Kapazität $C_A$ und der Eigenschwingung $\lambda$ durch eine Messung gewonnen wurde, so berechnet sich der äquivalente Strahlungswiderstand $w_s$ aus der Beziehung

$$w_s^{\Omega} = 150 \cdot \frac{\lambda^m \cdot \mathfrak{d}_s}{C_A^{cm}}.$$

Die ausgestrahlte Schwingungsenergie ist dann:

$$P_1 = i_1{}^2 \cdot w_s = 150 \frac{\lambda^m \mathfrak{d}_s}{C_A^{cm}} \cdot i_1{}^2.$$

Bedeutet ferner $r$ den äquivalenten Ohmschen Widerstand der gesamten Empfangsantenne, so ergibt sich die Nutzenergie zu:

$$P_2 = i_2{}^2 \cdot r$$

und der Wirkungsgrad der Übertragung wird:

$$\eta = \frac{P_2}{P_1} = \frac{i_2{}^2 \cdot r}{i_1{}^2 \cdot w_s}.$$

Es läßt sich nachweisen, daß der Wirkungsgrad für jede einzelne Wellenlänge bei einem bestimmten Widerstand einen Höchstwert erreicht.

Die Untersuchung ist weiter noch auszudehnen auf die Bestimmung des Einflusses von:

Höhe, Zahl und Art der Aufhängung der Drähte der Antenne und des Äquivalents.

Wird die Sendestation als Funkenstation betrieben, so ist ferner festzustellen die Abhängigkeit der Empfangsenergie von

$\alpha$) Funkenlänge (Maximalspannung),

$\beta$) Funkenzahl.

Arbeiten verschiedene Sendestationen der Reihe nach auf eine gemeinsame auf Hörempfang eingerichtete Empfangsstation und will man einen annähernden Vergleich zwischen den ankommenden Intensitäten anstellen, so läßt sich diese Aufgabe durchführen, indem man einen parallel zum Telephon gelegenen Widerstand so lange ändert, bis der Ton im Fernhörer verschwindet. Die Energieen verhalten sich dann annähernd umgekehrt wie die parallel geschalteten Widerstände. Jedoch kann diese Methode nicht den Anspruch darauf machen, in jedem Falle einen brauchbaren Annäherungswert zu liefern.

b) Stromamplitude und Stromverteilung:

Mit den im vorhergehenden beschriebenen Untersuchungen wird ein Eingehen auf den Einfluß nötig, den die Größe der

Stromamplitude und der Stromverteilung in der Sendeantanne auf die Fernwirkung ausübt. Hierbei lassen sich zwei Grenzfälle unterscheiden, zwischen denen sich die übrigen Möglichkeiten einreihen, nämlich die Stromverteilung, die ein linearer geerdeter Sender besitzt, und jene, welche sich ergibt, wenn der relativ kurze Sendedraht in einer beträchtlichen Kapazität endigt.

$\alpha$) Der lineare Sender:

Beim einfachen linearen Sender verlaufen die Strom- und Spannungskurven nach dem Sinusgesetz. Sind konzentrierte Kapazitäten oder Selbstinduktionen in den Draht eingeschaltet, so wird hierdurch die Eigenwelle verkürzt oder verlängert.

Die Stromverteilung läßt sich stets dadurch finden, daß man das kombinierte System (vgl. II und III) in einen äquivalenten Sendedraht gleicher Eigenfrequenz umwandelt und die Amplitudenkurven von Strom und Spannung entsprechend überträgt.

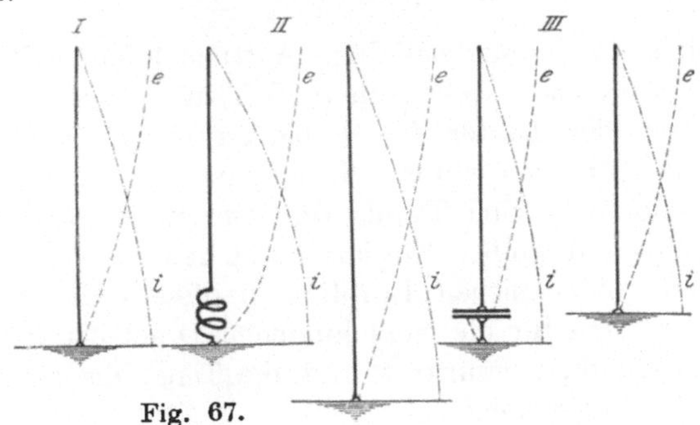



Fig. 67.

Aus den Leitungskonstanten ermittelt sich dann die Wellenlänge wie folgt:

Bedeuten $C_g$ und $L_g$ die wirkliche Kapazität und Selbstinduktion einer linearen Antenne bei gleichförmiger Ladungsverteilung, so wird beim geerdeten Sender die wirksame Kapazität

$$C_A = \frac{2}{\pi} C_g$$

und die wirksame Selbstinduktion

$$L_A = \frac{2}{\pi} L_g.$$

Daraus ergibt sich die Wellenlänge zu:

$$\lambda^{cm} = 2\pi \sqrt{L_A^{cm} \cdot C_A^{cm}} = 4 \sqrt{L_g^{cm} \cdot C_g^{cm}} = 4\,l^{cm},$$

wo $l^{cm}$ die Länge des linearen Senders in cm darstellt.

Für einen quasistationären Stromzustand, wie er bei einem geschlossenen Schwingungskreis, gebildet aus der Selbstinduktion $L_s$ und der Kapazität $C_s$, vorliegt, berechnet sich die gesuchte Wellenlänge aus der Beziehung:

$$\lambda^{cm} = 2\pi \sqrt{L_s^{cm} \cdot C_s^{cm}}.$$

$\beta$) Die mehrfache Antenne:

Da alle Sendeanordnungen, die in eine große Endkapazität münden, eine annähernd quasistationäre Stromverteilung besitzen, kann hier die Wellenlänge nach der Formel für geschlossene Schwingungskreise berechnet werden

$$\lambda^{cm} = 2\pi \cdot \sqrt{C_g^{cm} \cdot L_g^{cm}}.$$

Sind somit für eine beliebige Antennenform die Wellenlänge und die wirklichen elektrischen Größen $C_g$ und $L_g$ bekannt, so gestattet der Faktor $f = 4$ bis $2\pi$ einen Rückschluß auf vorhandene Stromverteilung, d. h. darauf, ob das betreffende Sendesystem mehr zum Typus des linearen Strahldrahtes oder zur Antenne mit großer Endkapazität gehört.

Einen vollkommenen Einblick in diese Verhältnisse erhält man, wenn man für die verschiedenen Drahtgebilde graphisch die Stromverteilung ermittelt und die Teile, die für die Fernwirkung in Frage kommen.

## 2. Die Abstimmfähigkeit.

Mit der wachsenden Zahl der radiotelegraphischen Anlagen und den hiermit zusammenhängenden Anforderungen, welche ein geregelter Betrieb verlangt, rückt die Frage der Abstimmfähigkeit und Störungsfreiheit der Stationen immer mehr in den Vordergrund. Allgemein wird man ein System als scharf abgestimmt bezeichnen, wenn bei einigen Prozent Verstimmung im Empfangssystem die Zeichen der Sendestation ausbleiben. Diese Auffassung bedarf jedoch noch insofern einer Korrektur, als der schon oben erwähnte Sicherheitsfaktor hierbei von maßgebendem Einfluß ist. Zu einer einwandfreien Beurteilung der Abstimmschärfe wird man dann kommen, wenn man feststellt, um wie viel Prozent man den Empfänger verstimmen muß, um noch eine Energieaufnahme von $^1/_2$, $^1/_3$, $^1/_4$, $^1/_8$ usw. der maximal erreichbaren zu erhalten. Rein qualitativ kann man sich über diese Frage dadurch Aufklärung verschaffen, daß man auf der Sendestation einen Wellenmesser erregt und hier bei 1, 2, 3, 4, 5 usw. $^0/_0$ Verstimmung die vorhandene Schwingungsenergie am Wattzeiger feststellt.

Die Abstimmschärfe selbst hängt von zwei Faktoren ab:

    a) von der Senderdämpfung,

    b) von der Empfängerdämpfung (Einfluß des Kopplungs-
       grades).

Je energischer die dämpfenden Ursachen wirken und je fester die Kopplung gewählt wird, um so mehr vermindert sich die Abstimmschärfe.

## II. Besondere Anordnungen.

In den vorhergehenden Ausführungen wurden in erster Linie diejenigen Gesichtspunkte erörtert, welche allen Stationen mehr oder weniger gemeinsam sind, mögen sie nun

    1. eine reine Funkenstation darstellen oder

    2. auf der Methode des tönenden Funkens beruhen oder

    3. mit ungedämpften Schwingungen arbeiten.

Die speziellen Bedürfnisse der einzelnen Anlagen sollen im folgenden kurz gestreift werden.

### 1. Die Funkenstationen.

Wenn man von besonderen Anordnungen absieht, wie sie z. B. militärische Störungsstationen erfordern, so wird diejenige Anlage als die zweckentsprechendste anzusehen sein, welche bei gleicher Fernwirkung möglichst schwach gedämpfte Wellenzüge aussendet. Die Aufgabe bedingt die Entwicklung einer großen Schwingungsenergie, welche durch einen schwach strahlenden Sender (z. B. Schirmantenne) zur Ausstrahlung gelangt.

Für eine gegebene primäre Periodenzahl (z. B. städtischer Netzanschluß) werden diese Anforderungen dann erfüllt sein, wenn der Resonanztransformator bei großer Kapazitätsbelastung eine ausreichende Sekundärspannung liefert. Eine obere Grenze ist diesem Streben nur insofern gesetzt, als die Wellenlänge der Station die Kapazitätsgröße mit beeinflußt und eine zunehmende Funkenlänge zugleich die schädliche Dämpfung und die Isolationsschwierigkeiten vermehrt. Außerdem muß die Kopplung des offenen und geschlossenen Kreises — und dies ist eine weitere Einschränkung — derartig gewählt sein, daß ein möglichst großer Betrag der Schwingungsenergie nützlich verwertet wird und sich nicht in Form von Joulescher Wärme in dem Kondensatorkreise verzehrt. Dies führt zu dem Bau von Antennen mit großer Aufnahmefähigkeit und kleiner Strahlungsdämpfung.

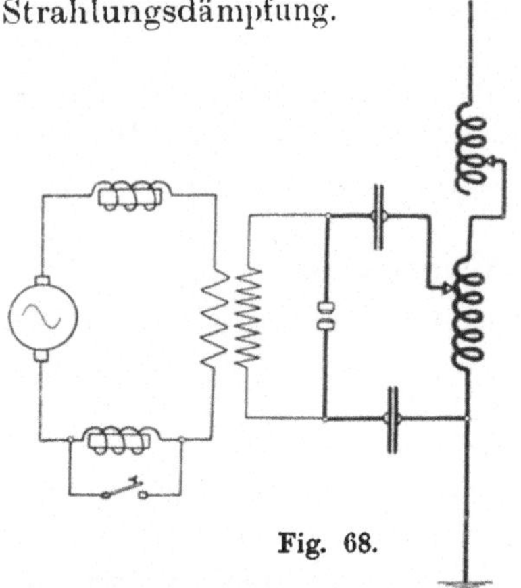

Fig. 68.

Das Geben der Zeichen wird bei kleinen primären Stromstärken durch Unterbrechung des Maschinenstromes, bei größeren Anlagen durch Verstimmung der Resonanz des Induktors vorgenommen, wie es eine Ausführungsform in dem beifolgenden Schema angibt.

Die Aufnahme der Telegramme erfolgt bei Hörempfang mit dem elektrolytischen oder Thermodetektor, die schriftliche Fixierung der Zeichen wird mit Hilfe des Fritters bewirkt. Dieses älteste System des radiotelegraphischen Fernverkehrs besitzt neben dem Vorzug großer Einfachheit auch noch den, daß es bisher das einzige ist, welches eine verhältnismäßig betriebssichere schriftliche Fixierung der Zeichen gestattet. Als Nachteil sind die geringere Abstimmschärfe und der Einfluß atmosphärischer Störungen zu nennen.

## 2. Die Löschfunkenstationen (Ton erregender Funken).

Außer den Abstimmschwierigkeiten besitzen die nach der Funkenmethode eingerichteten Stationen noch den Nachteil, daß ein beträchtlicher Teilbetrag der gesamten erzeugten Schwingungsenergie in dem Funken und Kondensatoren des

Erregerkreises verzehrt wird, eine Steigerung der Leistung durch Erhöhung der Entladungszahl an dem Inaktivwerden des Funkens von gewissen Beträgen an scheitert und bei atmosphärischen Entladungen durch die Gleichartigkeit des Tones der Hörempfang außerordentlich erschwert wird. Diese Schwierigkeiten werden bei der Methode des „tönenden Funkens" dadurch behoben, daß die bei fester Kopplung entstehenden Schwebungen und die damit verbundenen Energiewanderungen vom primären zum sekundären Kreis und zurück in dem Moment zum Verschwinden gebracht werden, wo die gesamte Energie auf die Antenne übertragen ist. Dies wird dadurch erreicht, daß der Strom in der besonders gebauten Funkenstrecke oder Quecksilberlampe in dem Augenblicke abreißt, wo er nach der ersten halben Schwebung ein Minimum geworden ist. Hierbei ist die richtige Einstellung der Kopplung, die diese Erscheinung hervorruft, von besonderer Wichtigkeit. Durch die Steigerung der Periodenzahl ist ein schnelles Aufeinanderfolgen der Entladungskomplexe gewährleistet und damit die Annäherung an die ungedämpften Schwingungen angebahnt. Gleichzeitig vernimmt man auf der Empfangsstation einen der Entladungszahl entsprechenden Ton im Fernhörer, der sich leicht von anderen störenden Einflüssen unterscheiden läßt. Die Tonhöhe läßt sich durch Änderung der Erregung der Wechselstrommaschine, ferner durch Drosselspulen im Primär- und Sekundärkreis des Induktors in gewissen Grenzen einstellen. Für eine betriebstechnisch einwandfreie Anordnung, die sich durch einen reinen Ton kundgibt, ist weiter erforderlich, das Verhältnis der Aufnahmefähigkeiten der Antenne und des Schwingungskreises (Kapazitätsverhältnis), sowie ihre Dämpfungsdekremente richtig zu wählen.

Diese verschiedenartigen Forderungen bringen jedoch den Nachteil mit sich, daß durch beliebige Einschaltung von Kapazitäten und Selbstinduktionen in die Antenne die günstigsten Betriebsverhältnisse wieder gestört werden, also eine neue Abgleichung nötig wird.

Die Aufnahme der Zeichen erfolgt meist mit dem Thermodetektor, jedoch können auch die anderen, früher erwähnten Detektoren benutzt werden. Verzichtet man darauf, die Zeichen als Töne aufzunehmen, so kann auch der durch seine außerordentliche Empfindlichkeit ausgezeichnete Tikker Anwendung finden.

Durch Zuhilfenahme von Telephonverstärkern ist auch bei geringen Intensitäten Morseempfang möglich.

### 3. Stationen mit Lichtbogengeneratoren-Ausrüstung.

Die Aussendung von Schwingungen konstanter Wellenlänge und stets gleich bleibender Amplitude würde die vollkommenste Methode zur Erzielung eines abgestimmten radiotelegraphischen Verkehrs darstellen.

Bis zu einem gewissen Grade ist dieses Ziel durch die Verwendung von Lichtbogengeneratoren erreicht, welche nur

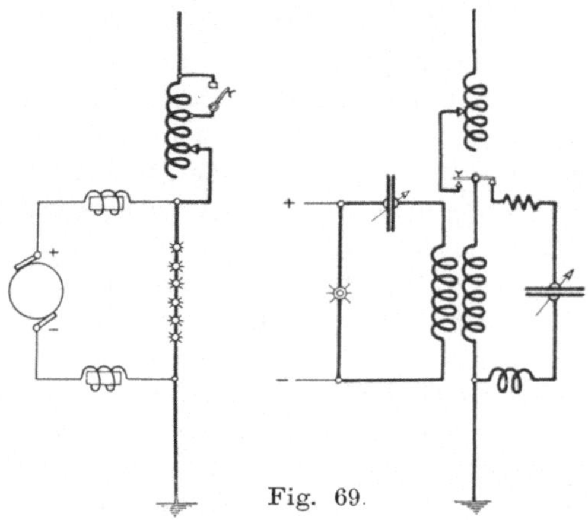

Fig. 69.

insofern eine betriebstechnische Unsicherheit besitzen, als sie bisher die Frequenz nicht absolut konstant zu halten vermögen. Um den Vorteil der ununterbrochenen Wellenstrahlung auszunutzen, ist es zweckmäßig, stark strahlende Antennen mit dem Schwingungskreis zu koppeln. Das Geben der Zeichen kann in außerordentlich mannigfacher Weise erfolgen. Einige der einfachsten und betriebssichersten Anordnungen sind in den vorstehenden Figuren dargestellt.

Sehr häufig verwendet wird die aus Fig. 70 ersichtliche „Schwungradschaltung", die eine außerordentlich einfache und rasche Änderung der Wellenlänge ermöglicht.

Der Empfang wird mit dem Tikker oder Thermodetektor vorgenommen.

Mit der Tatsache, eine ungedämpfte Wellenstrahlung erzeugen zu können, ist auch die Lösung der Aufgabe einer drahtlosen telephonischen Verständigung in den Bereich der Möglichkeiten gerückt. Und zwar sind hier zwei Wege gangbar, indem man:

a) durch Veränderung der Wellenintensität,
b) durch Veränderung der Wellenlänge

eine der Schwingungszahl des gesprochenen Lautes entsprechende Veränderung im Empfänger hervorruft.

Eine der hier in Frage kommenden Schaltungsanordnungen ist die folgende:

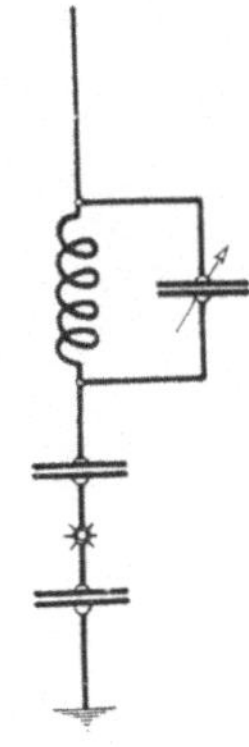

Fig. 70.

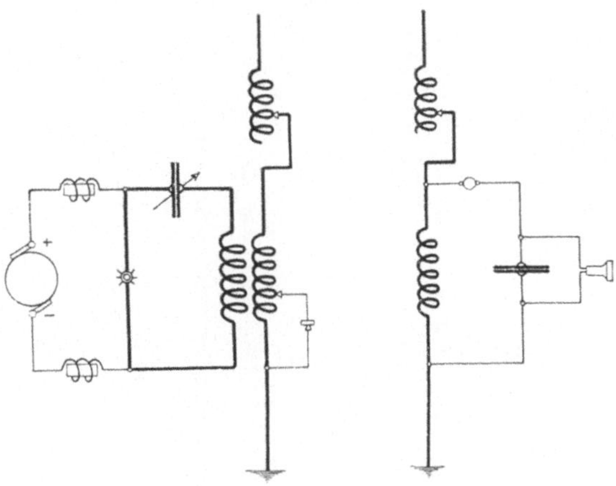

Fig. 71.